13岁的思维升级

具体与抽象

〔日〕细谷功◎著　　苏　靖◎译

北京科学技术出版社
100 层 童 书 馆

图书在版编目（CIP）数据

具体与抽象：13 岁的思维升级 /（日）细谷功著 ；
苏靖译. -- 北京 ：北京科学技术出版社，2025.
ISBN 978-7-5714-4540-9

Ⅰ. B804-49

中国国家版本馆 CIP 数据核字第 2025JH9379 号

策划编辑：桂媛媛
责任编辑：王文倩
责任校对：贾 荣
图文制作：沈学成 杨严严
责任印制：李 茗
出 版 人：曾庆宇
出版发行：北京科学技术出版社
社 址：北京西直门南大街 16 号
邮政编码：100035
电 话：0086-10-66135495（总编室）
0086-10-66113227（发行部）
网 址：www.bkydw.cn
印 刷：北京博海升彩色印刷有限公司
开 本：880 mm × 1230 mm 1/32
字 数：123 千字
印 张：6.5
版 次：2025 年 10 月第 1 版
印 次：2025 年 10 月第 1 次印刷

ISBN 978-7-5714-4540-9

定 价：49.00 元

前 言

你听说过“具体与抽象”这种思维方式吗？

我想，大多数人恐怕没有听说过。至少课堂上几乎不会涉及，网上和电视里也很少有人讨论。

长久以来，公众一直认为“读写”与“计算”能力是孩子应该具备的实用技能。但从某种意义上说，学会“具体与抽象”这种思维方式其实比掌握那些实用技能更加重要，因为它是那些技能的基础。

理解“具体与抽象”，会让我们的人生发生积极的变化。越早理解，越能获得更多好处。

本书将为你介绍一种以“具体与抽象”为核心的认知方式、思考方式，并回答你的以下疑问：

· 为什么要学习看似和日常生活没有直接关系的数学？

· 成语为什么存在？

· 为什么要在历史课上学习那么久以前发生的事情？

· 数学方程式中的“x”和“y”有什么用？

· 钱为什么存在？

· 怎么做才能更好地表达自己？

· 怎么做才能实现自己的梦想？

这些问题，无论是你的老师、家长还是朋友，估计都很难给你一个准确的答案。

但如果你掌握了“具体与抽象”的思维方式，这些问题将会迎刃而解。它将彻底改变你对世界的看法，让你拥有和别人不一样的视角。

这个世界是如何形成的？时代是如何发展的？通过“具体与抽象”的思维方式，我们能够将这些肉眼观察不到的东西“尽收眼底”。

这样一来，你不仅能更好地与周围的人交流，也能减少沟通不畅所导致的社交压力。

“具体”与“抽象”到底是什么？

“具体”和“抽象”单独使用的情况并不少。

例如“具体”这个词，我们平常会说“你说得太含糊了，再具体点儿”，或者“我没听懂，请你举个更具体的例子”，等等。

“具体”的东西一般指明确的、易懂的，任何人都能在脑海中描绘的，或能以简单的形式呈现出来的事物。它们看得见、摸得着，能够被照相机记录下来。

与之相比，“抽象”的东西则通常是看不见、摸不着，无法用感官感受到的事物。比如“概念”，看到这个词，你会觉得它很模糊、难以想象。

除了“概念”，还有“理想”“经济”“安全”“能源”……随着不断成长，你会逐渐理解这些词语，并越来越频繁地使用它们。

看到不一样的世界

那么，我们为什么要探讨“具体与抽象”这个本身就非常抽象的概念呢？

这是因为“具体与抽象”会彻底改变我们对日常生活中的事物，乃至对人生中所有事物的看法。

这么说毫不夸张。有很多大人直到成年以后才意识到掌握这种思维方式有多么重要，纷纷表示“要是我早点儿知道这些就好了”。他们甚至觉得应该把“具体与抽象”当作一门科目纳入学校的课程。

说得再简单些，“具体与抽象”就好像我们周围的空气一样。

如果没了空气，我们根本无法维持正常的生活。空气如此重要，我们却总是意识不到它的存在。

“具体与抽象”和我们的关系就是如此密切。如果说空气对我们的身体来说是不可或缺的，**那么“具体与抽象”对我们的头脑，尤其对思维来说便是必不可少的。**

“具体与抽象”是一切的基础

要说“具体与抽象”和语文、数学、英语等科目的关联，我认为它和这些科目并不是简单的并列关系，它是所有科目的基石。

“具体与抽象”就像语言、数字一样，是学习和运用所有知识的基础。

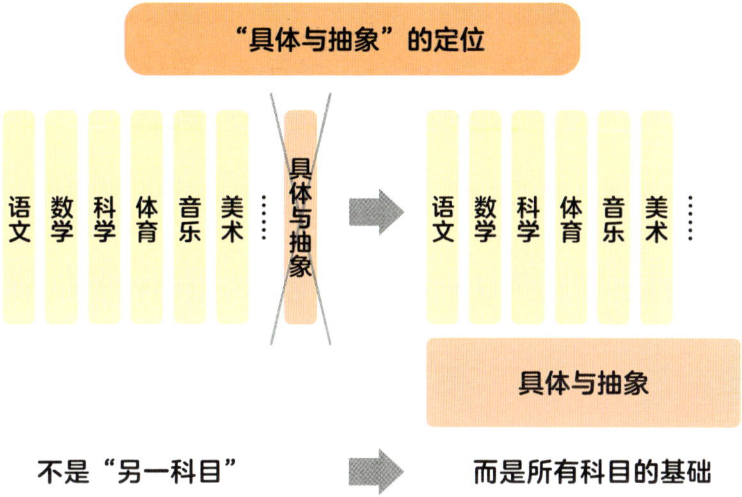

不过，在学习语言和数字等各种知识之前，我们应该先掌握"具体与抽象"这种思维方式。

"具体与抽象"正是语言和数字背后的原理。如果说语言、数字是人类生存的基础，那么"具体与抽象"就是基础中的基础。

"具体与抽象"不仅是学校里各个科目的基础，还与你的社团活动、爱好、娱乐等各个方面息息相关。可以说，"具体与抽象"无处不在，甚至构成了你周围的世界。正因如此，我们才应该尽早理解这种思维方式，并加以运用。

读到这里，你可能会想：

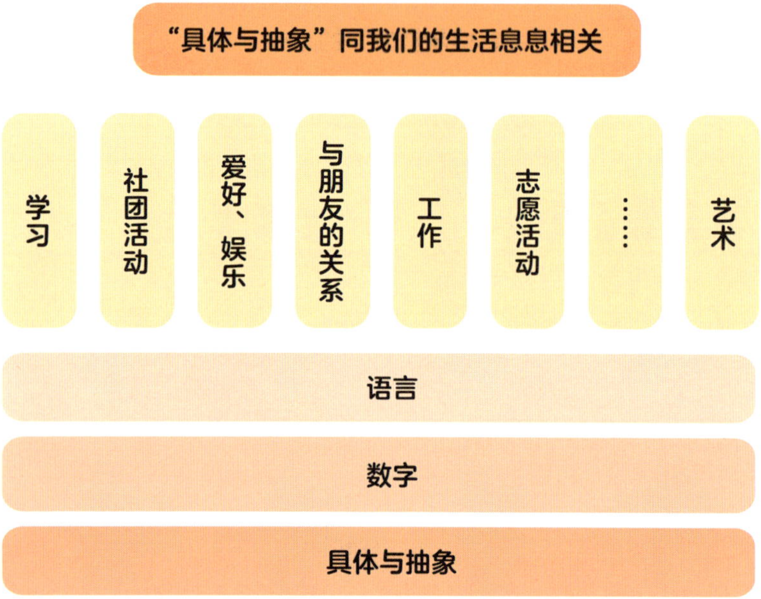

“如果空气没了，人确实会活不下去。但就算我不学习空气的相关知识，也不影响我生活啊。”

的确，“具体与抽象”并不是求生的技能。但如果你能灵活运用“具体与抽象”这种思维方式，你今后的人生将会发生巨大的改变。

“具体与抽象”能改变学习与社交

掌握“具体与抽象”这种思维方式后，你会发生翻天覆地的变化。

比如，你能更加灵活地运用“语言”和“数字”，这不仅会提高你的学习成绩，也会帮助你与朋友更好地交流。

这种思维方式会影响你生活的方方面面，所以最好尽早学习。一旦学会，它将永远陪伴你，令你终身受益。

请容我稍作补充。刚才说到，就算不学习空气的相关知识，人也能生存。

但是，火为什么会燃烧？全球为什么会变暖？这两个问题与我们的生活直接相关，而它们的答案就藏在空气的成分里。如果不知道空气是由什么构成的，也不知道空气的成分会随着时间、环境的不同而变化，我们就无法理解这些自然现象究竟因何发生。

换句话说，空气的成分和“具体与抽象”对我们来说都是“不懂也可以，但懂了会让你的人生截然不同”的知识。

为了帮助你更好地理解“具体与抽象”这种思维方式，本书会使用三幅示意图。这些图会在不同的地方出现，用来说明不同的内容。

在阅读本书之前，你可以先看看这三幅示意图，简单地留个印象。等到阅读结束，我相信你一定会发现周围的各种事物都可以用这三幅简单的示意图来解读。

也就是说，只要理解了这三幅示意图的内涵，也就理解了“具体与抽象”。这些示意图到底是什么意思呢？带上你的好奇心和探索欲往下读吧。

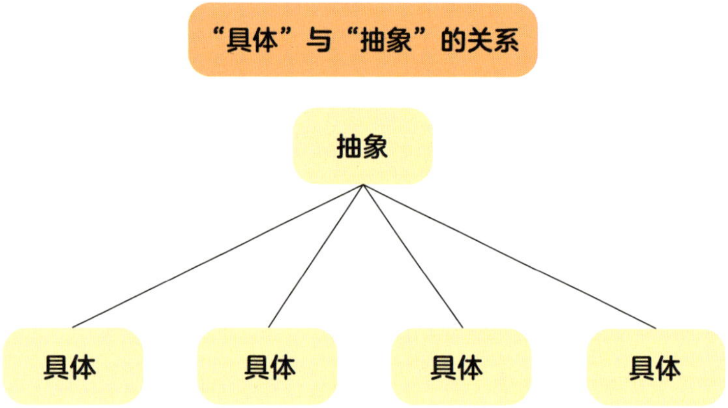

图 0–1

先看第一幅示意图。

“具体”与“抽象”要放在一起理解。一个一个分散的是“具体”；把它们以某种形式总结出来，找到共同的属性来理解，就是“抽象”。

也就是说，多个“具体”对应一个“抽象”（如图 0–1 所示）。

这种关系就是“具体与抽象”的基本结构。

第二幅示意图——图 0–2，表现了“具体与抽象”在我们的生活中，尤其是在我们的头脑中所发生的知识活动。图 0–2 是图 0–1 在横向和纵向上的延伸和扩展，并最终形成了一个大三角形。

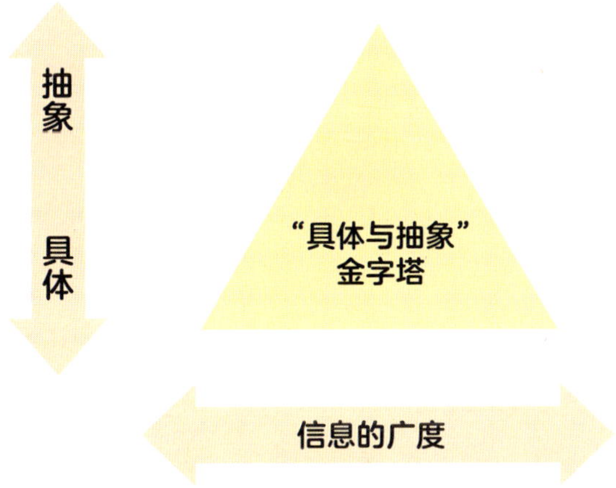

图 0-2

从纵向来看，具体与抽象是层级关系。从横向来看，思维越具体，同一层的信息越多。

最后一幅示意图，即图 0-3，展示了“具体”与“抽象”互相转化的过程，也就是“抽象化”和“具体化”。

我们思考时，会在不知不觉中无数次重复这样的过程。

如果我想向你解释什么是“扔”、什么是“坐”，我只需要做出相应的动作，你看了就能立刻明白。但“思考”不同，我无法把这个动作直观地展示给你看，所以让你明白什么是“思考”就很难。

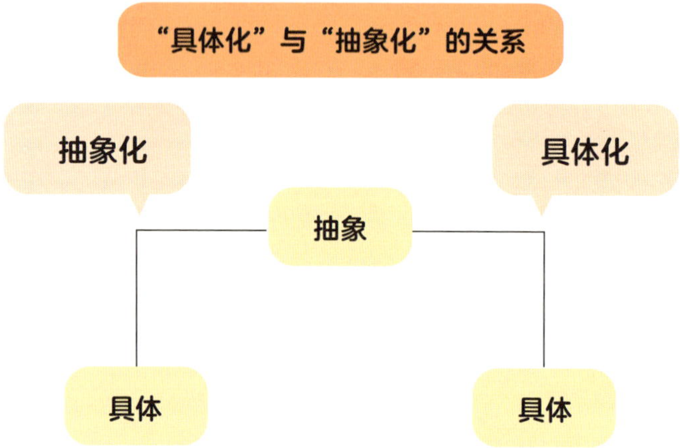

图 0-3

但如果用本书的核心"具体与抽象"来认识"思考",你就会发现它其实很简单。

"思考"就是思维在"具体"与"抽象"之间往返的过程。"抽象化"是将"具体"变为"抽象","具体化"是将"抽象"变为"具体"。二者结合起来,就是"思考"。理解了这一点,所有人都能学会思考。图 0–3 正是我们"思考"时需要经历的步骤。

本书的整体结构如下。

在第 1 章中,我们会使用图 0–1 和图 0–2 来说明"具体与抽象"的内涵,并着重对晦涩难懂的抽象概念进行解释。

第1章

"具体与抽象"

基础篇

（什么是"具体与抽象"？）

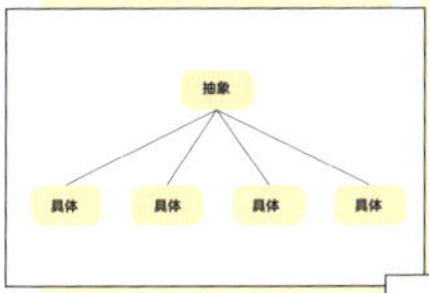

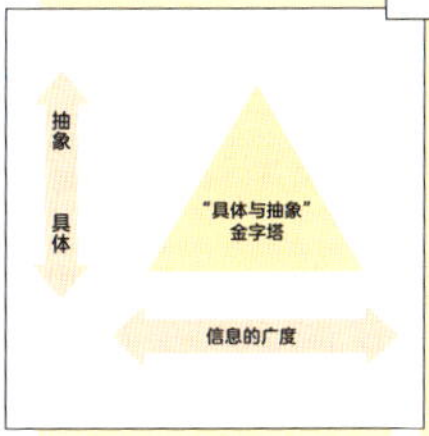

第2章

"具体与抽象"

应用篇

（用"具体与抽象"锻炼大脑吧！）

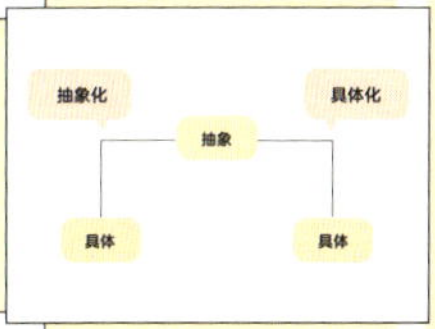

第3、4章

"具体与抽象"

实践篇

（如何在学习中活用"具体与抽象"？如何在沟通中活用"具体与抽象"？）

学习

沟通

第5章

"具体与抽象"

注意事项

（"具体与抽象"的使用说明）

在第 2 章中，我们会用图 0–2 来锻炼大脑的思维能力。同时，我们会引入图 0–3，用“抽象化”（从具体到抽象）和“具体化”（从抽象到具体）来说明我们思考的过程，再结合“具体与抽象”的思维方式，探索“思考”这一看不见的行为的本质。

第 3 章和第 4 章是实践篇，将说明如何在学习和沟通中运用“具体与抽象”的思维方式，并介绍一种看待世界的独特视角。

最后一章，也就是第 5 章，会讲解我们在使用“具体与抽象”的思维方式时需要注意的事情，同时也会给出一些小贴士，帮助大家在今后的人生中更好地运用它。

这本书的阅读方法

在“前言”的最后，我给大家介绍一下阅读这本书的方法（当然这个方法也适用于其他很多书）。

这本书的内容本身就会在“具体”与“抽象”之间不断地切换。你觉得有趣、容易理解、和自己有关系的内容是具体的，觉得有点儿难的内容基本是抽象的。

如果读到中途觉得看不懂、有点儿迷糊，你可以毫不犹豫地跳过这部分，去看其他容易理解的内容。

不过，要注意，这本书的精华大部分藏在“有点儿难”的内容里。**那些理解起来比较容易的部分（具体），只是为了辅助你理解比较难的内容而存在的（其实大部分的书都是类似的结构）。**

把简单的内容基本读明白了，再慢慢接触那些更难的知识就好。

这个过程就是我们在“具体”与“抽象”之间往返，并不断理解新概念的过程。

掌握了“具体与抽象”的 What（是什么）、Why（为什么重要）、How（如何实践）之后，你的人生一定会变得不同。

那么，为了这个目的，也为了解答“前言”第 3 页、第 4 页中的问题，让我们开始探索“具体与抽象”的奥秘吧。

目 录

第 1 章
什么是“具体与抽象”？

第2章

用“具体与抽象”锻炼大脑吧！

第3章

如何在学习中活用“具体与抽象”？

第 4 章

如何在沟通中活用“具体与抽象”？

第5章
“具体与抽象”的使用说明

第 1 章

什么是“具体与抽象”？

在本章中，我们将思考以下三个问题："具体与抽象"是什么？为什么这个概念很重要？它是如何促进人类发展的？

对我们来说，"具体与抽象"是不可或缺的基础性思维，甚至可以说，人类之所以能够区别于其他物种，正是因为拥有这种思维方式。

在本章中，我们会通过"前言"介绍过的图 0-1 来证明以上结论，并分析"具体与抽象"和人类大脑结构的关系。接下来，我们会用生活中的一些常见事物来讲解"具体与抽象"的金字塔结构，帮助大家理解"前言"中图 0-2 这幅关键示意图。读完本章，相信你一定会惊讶地发现："具体与抽象"对我们的日常生活竟然有如此深刻的影响！

看得见的东西 与看不见的东西

Q　你觉得动物与人类的区别是什么？

当然，人类与动物在外表上就很不一样。但如果与猴子、黑猩猩这样的动物相比，我们好像也看不出自己与它们的根本区别。

其实，人类与动物的根本区别在于：人类既能够熟练使用汽车、智能手机等高科技工具，又可以通过组成**以“万”甚至“亿”为单位的集体（国家或民族），群策群力，建成基础设施（公路铁路、供水供电系统、通信网络等），提高社会的运转效率**。这是动物无法做到的。

许多动物在奔跑、跳跃等反映体能的方面都优于人类，但是人类拥有绝对的知识和智慧优势，能够运用自己的头脑去实现某个目标。这也是人类与动物的根本区别，我想很多人都会赞同这一观点。

我们都知道，智力是无形的。它很难用五官感知，不容易被看到、听到、触摸到或闻到。

人类和动物都有五感。很多动物在某些方面甚至比人更胜一筹，比如狗就拥有比人类更灵敏的听觉和嗅觉。然而，动物的感官再怎么敏锐，也很难感知到智力的存在。

在自然界中，只有人类拥有这种高度的智力。

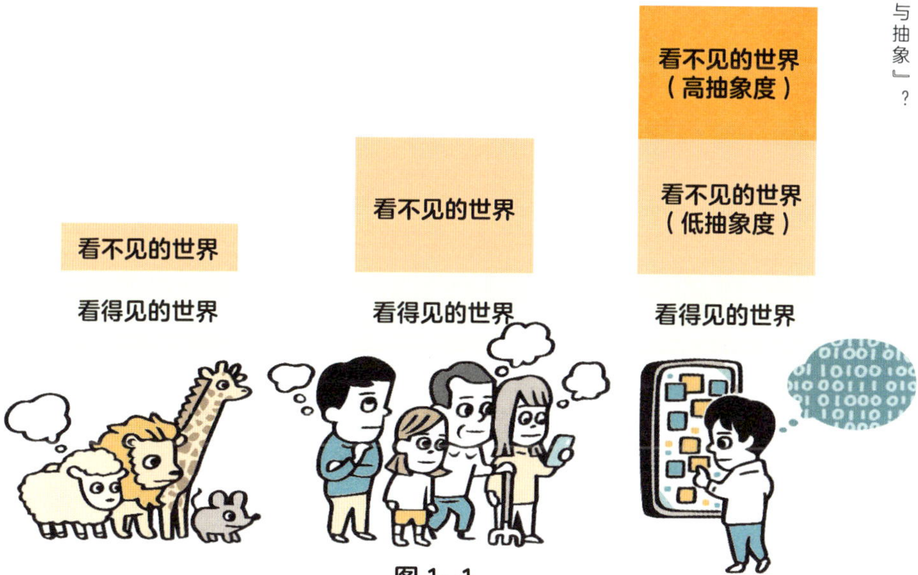

图 1-1

从某种角度来说，人类的智力就是“**看见动物看不见的世界**”的能力。

只有人类能做到的事情

即使没有超能力，我们也能看到许多肉眼看不见的东西。让我来举个例子吧。

相信你一定有过这样的经历：你给某人发送了一条消息，明明系统显示对方“已读”，你却一直没有收到任何回复。

遇到这种情况，你会不会感到烦恼呢？

“我是不是说错话了？”“难道我之前不小心惹他生气了？”你的这些不安与焦虑，正是肉眼看不见的东西。

当然，并非所有“看不见的东西”都是负面的。比如“对未来的梦想”或“对暑假的期待”，就令人感到开心。

这些都包含着肉眼看不见的“想象”。

此外，我们在日常生活中每天都要用到的智能手机之所以能够运行，也是因为运用了“电”“无线电信号”等，而这背后有大量肉眼看不见的技术。

类似智能手机这样的数字技术产品还有很多，它们都是只有人类才能创造出的智慧果实。

只有人类才会花“钱”

还有一种东西在影响着我们的生活，那就是“钱”。走在大街上，我们很难分辨出谁才是所谓的“有钱人”（穿着华贵的衣服或开着豪车可能是“有钱”的一种表现，但这不是绝对的）。

在原始社会，有钱人（因为那时“钱”这个概念还未出现，所以这里指“富裕的人”）可能有座显眼的大房子，仓库里塞满了粮食。但现在，钱大多以数据形式存储在银行账户等处。

图 1–1 中出现了两种人。这是因为，面对那些看不见、摸不着的无形事物，有的人“看得见”，而有的人“看不见”。即使他们看起来都过着差不多的生活，但“看得见”的人和“看不见”的人眼中的世界是完全不一样的。

人类能够拥有想象力，能够发展科学技术，能够思考并谈论数字和金钱等无形的事物，都是因为拥有“抽象”思维。

动物可以看到、听到、感受到的东西，都是“具体”的事物。

人类智力的本质

我们先看看“具体”和“抽象”的含义。

首先，“具体”一词中的“具”，意为“有、备有”。换句话说，拥有“体”的东西便是具体的事物。“体”正如字面意思，指躯体或实体，因此“具体”一词的意思是“有实体的”。

与“具体”相对，“抽象”的“抽”，意为“抽取”“抽出”；“象”则取“象征”“象形文字”中“象”的意思，指具有某种特征的形状、样子。所以从字面上理解，“抽象”便是“抽出特征”。

也就是说，“具体”指的是能被感知到的、有实体的事物，“抽象”则指从具体中抽出的“看不见的特征”。

前文已经说到，抽象思维是人类智力的基础。

“抽象”无法单独存在，它与“具体”互相依存。人类智力的本质就是在大脑中处理这二者的关系的能力。

本书的目的，是**尽可能地扩展你大脑中的“肉眼看不见的世界”**（接近图 1-1 右侧所示的状态）。**为了实现这个目标，我们需要深入了解“具体与抽象”这种思维方式，并学习如何从具体事物中找到抽象特征（抽象化），等等。**

当然，能看到的事物越来越多，并不总是一件好事。因为“看得见的世界”中已经有不少烦心事了，而“看不见的世界”可能也会给你带来一些烦恼。

即便如此，拓宽眼界对我们来说依然是利大于弊的。

读到这里，或许你还是一头雾水。不用担心，接下来我们就通过身边的例子逐一认识这些概念。当你读完本书时，相信你会对“具体与抽象”有一个更清晰的认识。

黄瓜与蔬菜是什么关系？

前面我们已经说过，“具体与抽象”存在于我们生活的方方面面。但单看这句话，你可能很难理解其中的意思，所以我想请你先想一想下面这个问题。

Q　如何“整理”好图 1-2 中的这些词语呢？

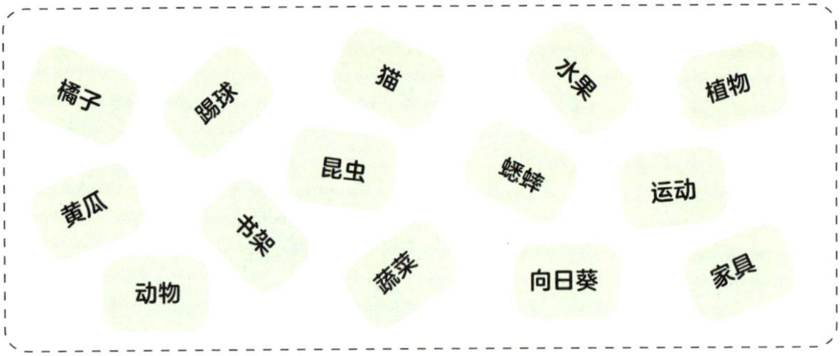

图 1-2

请你观察一下图 1–2 中的这些词语。它们看起来是不是有点儿像物品在房间里凌乱摆放的样子？

在整理房间时，我们通常会把相似的东西放在一起。比如把碗碟放在橱柜里，把书放在书架上，把垃圾放在垃圾桶里，等等。其实，整理词语也是一样的道理。要想把这些词语整理好，首先要寻找它们之间“相似的地方”。

你发现了吗？这些词可以组合成几个两两相关的词组。

· 昆虫和蟋蟀

· 动物和猫

· 向日葵和植物

· 蔬菜和黄瓜

· 橘子和水果

· 家具和书架

· 运动和踢球

现在，我们将这些词语重新排列，变成图 1–3 所呈现的那样。

纵向的两个词语成为一组，这样看起来比图 1–2 整齐多了。不过，

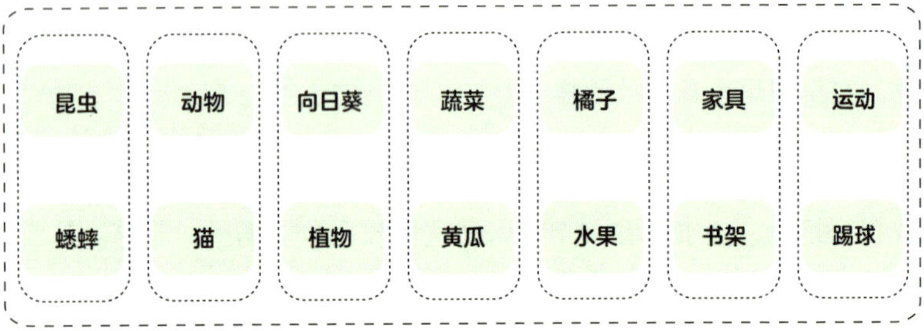

图 1-3

好像还有点儿奇怪……

没错，上下两个词语之间的“关系”还有些混乱。

比如，你可能觉得“蔬菜和黄瓜”右边的词组——“橘子和水果”不应该是这个上下顺序。

按照“蔬菜和黄瓜”的顺序，将“橘子和水果”改成“水果和橘子”似乎更加合理。

你感到奇怪的原因就藏在词组的两个词语的关系当中。就“蔬菜和黄瓜”来说，如果用其中的两个词来造句，可以说“蔬菜中包含黄瓜”，或“黄瓜是蔬菜的一种”，因为“蔬菜”一词是黄瓜、西红柿、胡萝卜和茄子等物体的统称（如图 1-4 所示）。

显然，“水果”和“橘子”之间也有着相同的关系。

图 1-4

回看我们整理出的词组，可以发现所有组合都有相同的关系。让我们根据这种关系进一步整理这些词语吧（如图 1–5 所示）。

昆虫	动物	植物	蔬菜	水果	家具	运动
蟋蟀	猫	向日葵	黄瓜	橘子	书架	踢球

图 1-5

图 1–5 的逻辑是不是比图 1–3 更加准确、清晰？

这次，请你注意横向观察词语之间的关系。上面一行的词语均为“同类事物的统称”，下面一行则是“同类事物中的某一例”，对吧？

这样一来，我们就可以把日常生活中使用的词语分为两大类。这两大类词语可以分别对应“具体”和“抽象”。那么，什么词语是具体的，什么词语是抽象的呢？

我们在使用“具体”这个词时，常常会说：“你能说得具体一点儿吗？”这句话也可以这么说：“你能不能举个例子？”

也就是说，“具体”指的是“例子”，即“蔬菜和黄瓜”中的“黄瓜”，而“抽象”指的是“蔬菜和黄瓜”中的“蔬菜”。

同理可知：

“蟋蟀”是“昆虫”的一个例子；

“猫”是“动物”的一个例子；

“向日葵”是“植物”的一个例子；

“橘子”是“水果”的一个例子；

“书架”是“家具”的一个例子；

“踢球”是“运动”的一个例子。

也就是说，“具体”与“抽象”的关系指的正是前面提到的各个词组内部的共通规律：**“X”（具体）是“Y”（抽象）的一个例子。**

“Y”的例子除了“X”还有很多，人们把这些例子放在一起统称为“Y”。这种关系如图 1-6 所示。

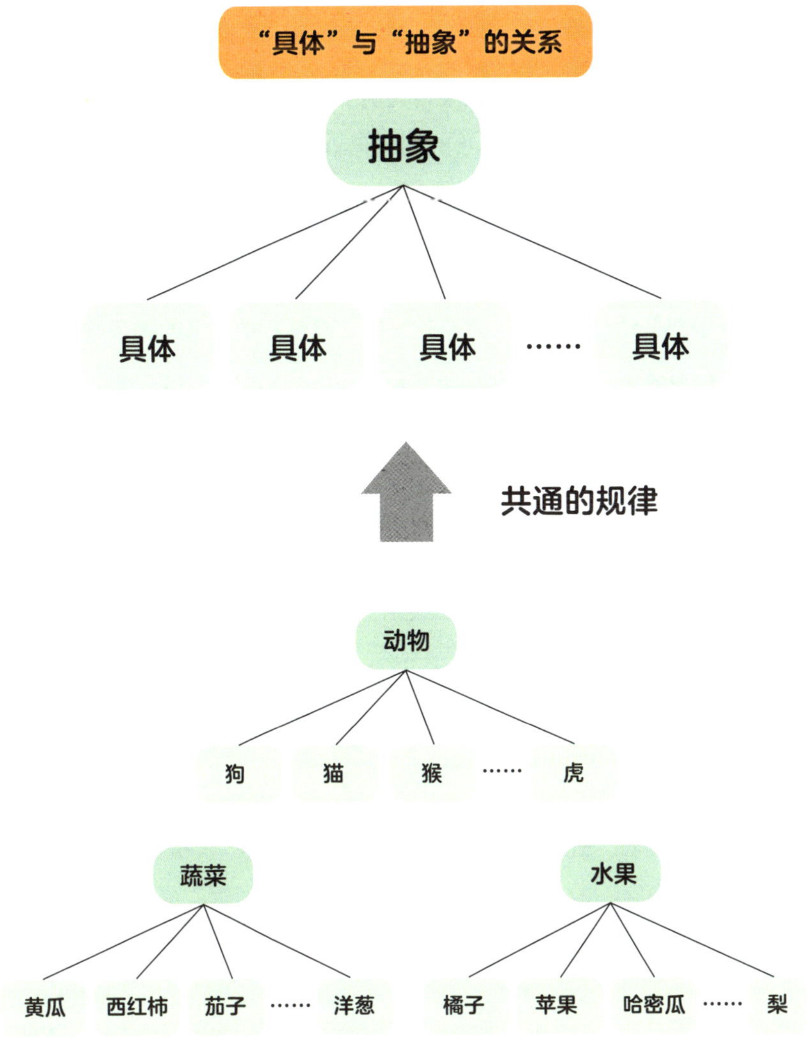
“具体”与“抽象”的关系
抽象
具体
具体
具体
……
具体
共通的规律
动物
狗
猫
猴
……
虎
蔬菜
黄瓜
西红柿
茄子
……
洋葱
水果
橘子
苹果
哈密瓜
……
梨

图 1-6

通过分析三组关系——蔬菜与其例子的关系、水果与其例子的关系、动物与其例子的关系——的特征，我们总结出了图 1–6。

图 1–6 具有两层含义。首先，它说明了“抽象的词汇包含着多个具体的例子”；其次，上半部分“‘具体’与‘抽象’的关系”本身就是对下半部分动物、蔬菜、水果这三组“具体”的关系的抽象概括。

我们用表 1–1 来总结“具体”与“抽象”的区别，以及它们之间的关系吧。

表 1–1

具体	抽象
· 一个个单独的物体	· 总结出来的种类名
· 肉眼看得见的物体	· 肉眼看不见的事物
· 可以直接触摸到	· 无法直接触摸到
· 可以被画成画、被拍成相片	· 无法被画成画、被拍成相片

由此可见，“具体”指的是黄瓜、西红柿、洋葱、茄子等“一个个单独的物体”，它们可以被看到、被触摸到，也可以被画成画，或被照相机拍成相片。

与之相对，“抽象”指的是根据数个不同物体的共同点总结出来的概念，它只存在于头脑中，不能直接被看到或被触摸到。因此，像“蔬菜”和“动物”这样抽象的概念是无法用图片或相片来完整呈现的（比如在图 1-4 中，每种蔬菜都是一幅图片，而“蔬菜”则是一个词）。

对具体的事物进行概括，提取出它们之间的共同点，就是“抽象化”。

其实，我们在日常生活中使用的许多词里都潜藏着“具体”与“抽象”的关系。

“具体”与“抽象”无处不在。这两个词本身就是抽象的，所以你看不到它们，但通过刚刚的例子，我想你应该明白了它们究竟有多常见。

接下来，让我们继续探索“具体与抽象”这个看似平常却包罗万象的世界吧。

什么是“数”？

你有没有想过，“数”（或者说“数字”）到底是什么？

我们从小就会接触到数字，所以用起数字来就像说话一样自然。我们会用它来统计东西的数量，比如 1 支铅笔、2 张纸……消费时也会用到数字，比如吃一顿饭花了 40 元……

“数”在人类的日常生活中随处可见，但在动物社会中却并不存在。这说明要想处理“数”，需要具备高度的智力。

我们用“3”来举例。

如图 1–7 所示，“3”可以出现在“3 支铅笔”“3 只狗”“3 本书”“3 个西红柿”“3 把椅子”等词组中。图 1–7 是不是很眼熟？没错，这其实也是前文提到的“抽象化”的一个例子，图中这些事物的共同点就是“3”。

“3 只狗”和“3 把椅子”其实是“一回事”——人类拥有抽象思维，所以能够理解这一点，但动物却不行。

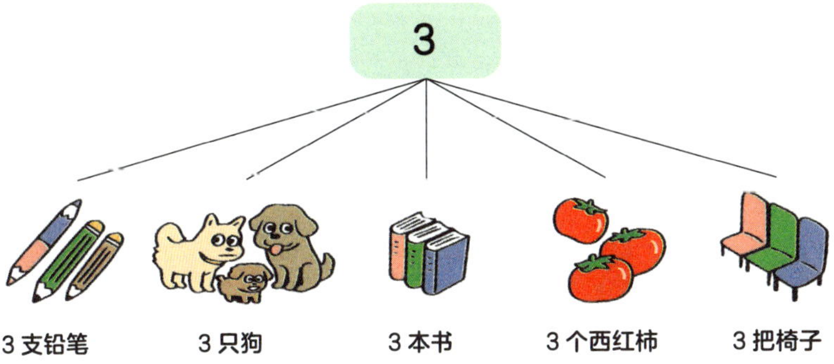

图 1-7

对于动物来说，“3 只狗”可能意味着敌人，“3 个西红柿”可以作为食物，而“3 把椅子”和自己毫无关系。在它们眼中，这是三种完全不同的事物。

然而，人类却可以（在必要时）将其视为“一回事”。那么，这样做有什么好处呢？

抽象化的好处

比如说这里有 3 个人，每人都需要 1 个西红柿、1 支铅笔和 1 把椅子。在这种情况下，我们可以说：“请给我 3 个西红柿、3 支铅笔和 3 把椅子。”

再比如说，学校准备给班级里的 40 个学生分发文具，每人 10 种，由你负责替大家领取。

这时，你不必一一说清要什么文具、都发给谁，只要说“那10种文具，拿40份”就可以了。

现在请你想象一下，如果数从生活中消失了，会怎么样呢？

你无法用“10”和“40”来说明你的需求，那事情就会变成这样：

·给田中同学拿1支铅笔；

·给高桥同学拿1支铅笔；

（之后省略“给某某同学拿1支铅笔”38次。）

·给田中同学拿1个笔记本；

·给高桥同学拿1个笔记本；

（之后省略“给某某同学拿1个笔记本”38次。）

……

所以，你总共需要说400次“给某某同学拿××”。

对比之下就会发现：有了数，你只用一句简单的话就能把这件事说清楚了。由此可见，**“数”这个抽象概念极大地方便了我们的生活。**

不仅如此，数还能用来进行运算，例如“3+3=6”。通过运算，我们能任意增加或减少数。这种数学表达式不限定计算对象，适用于生活中的所有领域。

你有没有想过，为什么我们需要算数呢？从根本上说，它与本小节开头提出的"'数'到底是什么？"是同一类问题。

包罗万象，无所不容

可能会有人觉得数字很无趣，因为它既没有颜色，也没有形状，看上去很单调。但这恰恰是它能够得到广泛应用的原因。它能够容纳一切颜色和形状。

还记得吗，在"黄瓜与蔬菜是什么关系？"这一小节中，我们曾经说过，具体的事物有颜色和形状，可以被绘制或拍摄，但抽象的事物却不行？

其实，**像"数"这样无法被绘制或拍摄的抽象事物也有自己的独特之处，那就是更适合用来思考——这也是人类相较于动物的独特优势。**

我们刚刚说数字是没有形状的，也许会有人反对这个观点。就拿"3"来说，这个阿拉伯数字不是有形状吗？请你阅读下文，再仔细想一想。

如图 1–8 所示，阿拉伯数字"3"既可以写作汉字"三"，又可以写作罗马数字"III"，同时它在英语中又写作"three"，在韩语中表示

为“삼”。

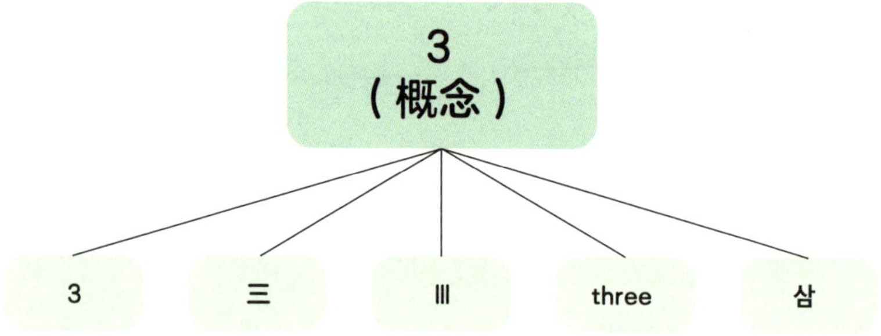

图 1-8

这说明，“3”可以有很多种不同的形状和表现方式。“3”是“3只狗”和“3 把椅子”的共同点，但其中的阿拉伯数字“3”只是表达这个数量时的某一种方式罢了。

换句话说，“3”其实是一个只存在于我们头脑中的概念，它并没有实体。

这就是为什么数是抽象的概念。说到这儿，你会发现上文提到的“动物”“蔬菜”和“水果”等概念在外语中的表达方式也是不同的。这是因为“语言”和“数”一样，都是抽象的概念。

什么是“语言”？

除了“数”，我们的生活中还有许多重要的“肉眼看不见的抽象事物”，例如“语言”。

人类与动物的区别之一，便是可以自由地使用语言。当然，动物也可以从嘴里发出吼叫声、咆哮声，但这些声音与人类的语言完全不同。在这一小节中，我们就来看看这种叫作“语言”的工具到底是什么吧。

动物吼叫与人类说话，虽然都是从嘴巴里发出一些声音，但二者是截然不同的。对二者的根本区别，我们可以用“具体与抽象”来理解。在这一小节中，我们将会聚焦“抽象”的一个侧面，即“抽出某种特征”。

Q **如何用语言描述图 1-9 中的人物呢？尝试从不同角度描述一下吧。**

图 1-9

· 男孩

· 看上去像初中生

· 戴眼镜

· 穿着黄色衬衫

· 穿着蓝色裤子

· 手里拿着书

· 在思考什么

· 好奇心好像很强

· 站在草坪上

在描述这个人物时，你可能会用到以上词语或短语。

换句话说，就是使用语言中的很多不同的词语或短语去描述同一幅人物画，如图 1-10 所示。

图 1-10

当然，如果你面对的不是书中的一幅人物画，而是一个真实的人，道理也是一样的。（在这种情况下，就会有诸如气味、声音等用图片无法表现的内容了。）

就像前文所述，当我们需要用语言来描述一幅图或一张相片时，你会发现，可供我们描述的角度实在太多了，随随便便就能想出十几种。这里仍以图 1-9 的男孩为例，如果由认识他的人来描述，那信息就更丰富了。

比如，了解他的人可能会说：

· 他是我的侄子小翔

· 他是本市第二中学的初二学生

· 他喜欢变魔术

说不定还有更具体的描述呢，如：

· 他正在计划暑假去哪里玩儿

· 放假的时候，他会去公园读书

尽管我们已经知道了这么多信息，可还是无法把图中这个男孩完整地描述出来。哪怕这样的信息再堆上一千条、一万条，也不可能完美地复原这个人的全部性格、所处的情况，以及他脑中的思想。

这意味着，“语言仅仅能够捕捉事实的一部分侧面，并将其简单地表达出来”。

语言只表达出事实的一部分

前文说过，语言能够简单地表达出一部分事实。也就是说，它可以抽出事实的某种特征，从而将具体事物转化为抽象事物。所以，语言也是本书要讲的“抽象化”（具体→抽象）的产物。

每个人在选择词语时都面临不同的情境，有不同的目的，所以对同一幅画，一百个人就会有一百种描述方式。**由此可知，语言可以“根据情境和目的，简化复杂的事物”。**

对我们来说，语言是必不可少的。只要你不是独自生活在无人岛上，就一定需要用语言来和其他人交流。没有语言，就不会有书籍、网络文章、电视节目和购物活动，语言对人类社会的作用无法估量。

正是因为有了语言，人类才得以**根据自己的目的，简单而轻松地表达自己想要强调的事情，**而这也是“抽象化”给人类带来的益处。

语言也会产生负面影响

语言虽然给我们带来了很多好处，但同时也带来了很多负面影响。

通过前面的讨论，我们已经知道，人们在使用语言描述事实时会进行取舍。也就是说，**语言能做到的，也只是片面地表达出部分事实。**

我们在生活中遇到的大多数沟通问题，都是由语言的这种基本性质造成的。也就是说，语言是我们沟通的重要工具，但只能反映每个人基于自身情况所捕捉到的部分事实的一些侧面，这样的前提会导致我们对彼此的理解（或自以为的理解）出现偏差。

科学技术给人类带来了巨大的益处，同样也带来了不可估量的不幸（以战争和事故的方式）。**语言也同样是一把双刃剑。因为具有抽象化的性质，它让人们的沟通变得简洁，但同时也有了造成冲突的可能性。**

我将在第 4 章详细介绍“具体与抽象”在沟通上的利与弊。

语言的力量

在校园文化节，B 班同学开了一家饼干店，售卖的各种手工小饼干广受好评。文化节结束的那天晚上，班主任田中老师走进教室。

“同学们辛苦了，我听见好几个人夸咱们班的饼干好吃呢。我们要有始有终，一起把教室收拾干净吧。”

田中老师拿出两个垃圾箱，并排放在一起。

“我猜今天会有很多垃圾，所以带来了两个大垃圾箱。下面，我讲一下垃圾分类的方法：

“饼干屑放入左侧的垃圾箱。

“塑料袋放入右侧的垃圾箱。

“餐巾纸放入右侧的垃圾箱。

“茶叶渣放入左侧的垃圾箱。

“食品夹放入右侧的垃圾箱。

“用过的餐盒放入右侧的垃圾箱。

“鸡蛋壳放入左侧的垃圾箱。

“碎玻璃放入右侧的垃圾箱。

“水果皮放入左侧的垃圾箱。

“装饰用的鲜花放入左侧的垃圾箱。

“……”

大谷同学越听越烦躁，最终下定决心站起来，对老师说道：

“也就是说，左侧的垃圾箱放厨余垃圾，右侧的垃圾箱放其他垃圾，对吗？”

“没错，就是这个意思。”

“好，那大家现在开始收拾吧。”

多亏大谷反应快，大家这才神清气爽地站起来开始行动。

你看明白了吗？当然，现实生活中应该不会有这么慢性子的老师，这里只是向大家说明，如果没有“厨余垃圾”“其他垃圾”这两个词语，情况会变成什么样。

请看图 1–11。

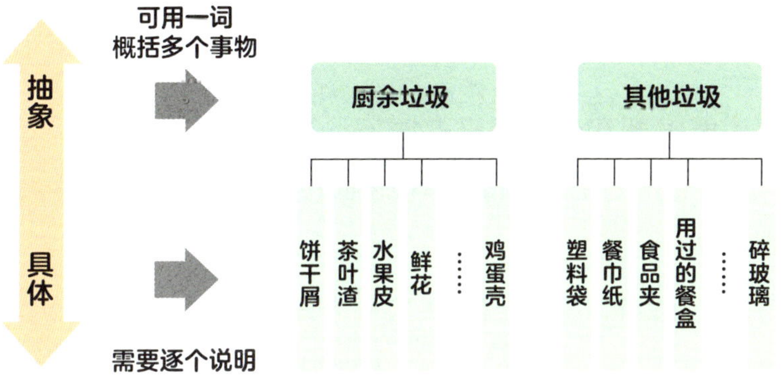

图 1-11

看了这幅图，你会发现“厨余垃圾”和“其他垃圾”是对各种各样的垃圾进行分类时会用到的词语。

如果将“饼干屑”“茶叶渣”“水果皮”等具体事物，用“厨余垃圾”来概括，我们就不必像田中老师那样，逐个说明它们该放进哪边的垃圾箱里了。

这就是抽象化赋予语言的力量——帮助我们表达抽象概念。

语言的使用必然伴随着抽象化。由此可以推断，动物无法使用语言，与它们缺乏抽象思维有着密切的关联。虽然动物能发出与人类语言相似的声音，比如叫声、吼声等，但这些具体的声音背后并不存在抽象概念。而人类可以使用语言，正表明人类具有足以处理抽象概念的智力。

语言能够帮我们节省许多时间

刚刚的例子说明，使用抽象概念可以大大减少我们向他人解释说明的时间。

这就像生活中可能会遇到的情况：不知道抽象概念的人正在对某项具体事物发表长篇大论，恰巧有人知晓某个抽象概念，那这个人听着听着就会想插话说："你想说的就是 ×× 吧。"

简单几个字，就能把很复杂的事情说清楚。这就是学习语言，并通过语言理解抽象概念的意义所在。

你会发现，这里谈论的内容与之前"什么是'数'？"一节中的内容很相似。因为"数字"和"语言"一样，都是抽象化的概念。

本来一句话就可以讲清楚的事情，由于听者缺乏背景知识，说者只好用大量的时间和语句去解释（多数情况下，即便解释了，对方也很难听懂）……类似的情况每天都在发生。为了减少这样的情况，我们需要学习很多词语和概念。

言简意赅的人与啰里啰唆的人

如果不懂如何处理抽象化的语言和概念，你就容易被周围人当成一个“啰唆且抓不住重点”的人。反之，**如果掌握了抽象化的诀窍，你就会成为一个说话“言简意赅”的人。**

换个角度来看：既然语言中暗含着某些抽象概念（只能用语言表达，没有实体），那么对不了解这些概念的人来说，一个不熟悉的词语就等于一个未知的概念。有些人在接触到一些新词时感到非常烦躁和不适，这就是原因所在。

比如说，有些人很讨厌外来词和网络流行语，看见它们就生气。这不仅是因为他们看不懂这些“莫名其妙”的新词，还因为他们无法理解新词背后的“想法”。

本书的主题“具体与抽象”这一概念就是一个典型的例子。明明用“具体与抽象”一个词语就可以讲清楚的概念，却需要花费大量时间和语句来解释，最后依然可能有读者不能理解。这种情况之前发生过多次，因此，解决这个问题也是我创作本书的目的之一。

“钱”是什么？

你有没有思考过“钱”是什么？

在现代社会，钱是我们生活中不可或缺的东西之一。如果没有钱，你就不能买喜欢的零食、玩具和衣服，不能和家人一起旅游，不能去医院看病……毫不夸张地说，哪怕只有一天身无分文，人都无法正常生活。

虽然钱这么重要，但其实，它充其量只有几千年的历史。放眼世界，人类已经在地球上存在了几百万年，可钱却最多只存在了几千年，所以实际上人类是到“最近”才开始使用“钱”的。

“钱”是人类的伟大发明

动物在生活中是不需要钱的，但人类却需要。学会使用钱以后，人类社会得到了跨越式的发展。

人类的伟大发明——钱，同样是本书主题“具体与抽象”的产物。

如果不加以解释，你也许很难领会这句话的含义。很多人可能也会想，到底为什么要把钱和“具体”“抽象”联系在一起呢？

在解释它们的关系之前，让我们先回顾一下钱在我们的生活中扮演着怎样的角色。

在日常生活中，我们花钱最常见的情况是“购买东西”，其中包括在医院或旅馆等场所“购买某种服务”。作为获得或接受某种事物或服务的代价，我们需要付钱。

换句话说，钱是用来交易商品和服务的，即钱——或者说货币的功能之一就是充当“交易的媒介”。

在货币诞生之前，人们会进行物品的相互交换，比如拿肉换鱼、用土豆换胡萝卜等。

这样的交换方式存在着很大的局限性——双方必须同时需要对方的产品，且同时认可对方的产品的价值，交易才能成立。但有了货币，情况就不一样了。

如图 1-12 所示，无论是彩色铅笔、书，还是西瓜、汉堡，或是付费音乐等，任何类型的商品都可以用价格来表现其价值，例如某件商品价值 25 元。人们通过货币这一媒介来交换商品和服务，使交易变得更加顺畅。

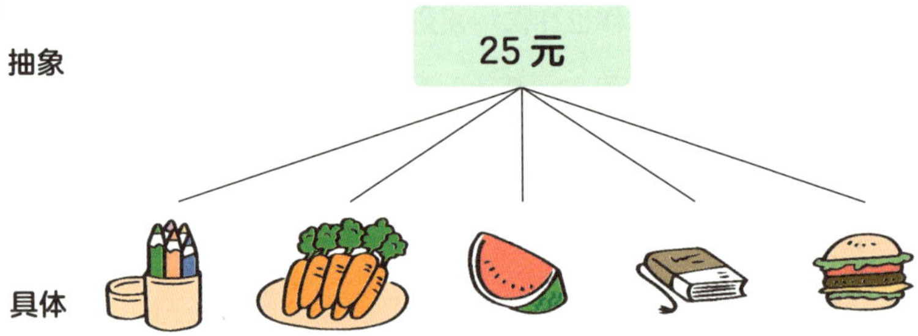

图 1-12

同时，货币还可以作为一种尺度来衡量物品的价值。就像量长度有“厘米”、称重量有“千克”一样，货币也能作为计量单位，用于比较不同商品的价值。比如，彩色铅笔、西瓜和书是完全不同的东西，但它们都价值 25 元（如图 1-13 所示）。

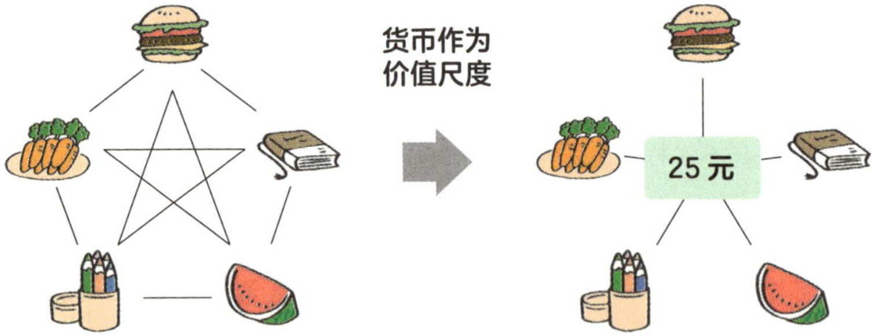

图 1-13

结合前面学过的知识，我们会发现：每件商品或每个服务都是具体的，而“钱”则是抽象的。

“数”“语言”与“钱”的概念都是人类抽象能力的产物。所谓抽象能力，就是“把完全不同的各种事物看作同一样东西”的能力。比如在本小节的例子中，不同的商品在“价值”上都是相同的（25 元）。

由此可见，我们的生活中充满了抽象的概念。这种在动物社会中不存在的东西，在人类社会中却是如此普遍且不可或缺。

“抽象”即找出“共同特征”

讲到这里，我们已经知道了人类通过创造无形的“数”“语言”和“钱”等抽象的概念，过上了与动物截然不同的生活。可以说，它们是人类的三个伟大“发明”。

现在，让我们从这三个“发明”的共同特征出发，重新思考抽象概念是如何诞生的，从具体到抽象（抽象化）的过程中又发生了什么。

Q　数、语言和钱这些抽象概念的共同特征是什么？请尝试以要点的形式列出来。

- 它们都是从观察对象（周围的事物、自然现象等）中提取出的特征
- 它们将具有相同特征的、看似不同（具体上不同）的事物归为一类
- 它们为同类事物命名

你可能会得出以上答案。

进一步总结，“抽象化”就是从各不相同的具体事物中提取出共同特征，并将它们关联在一起。

这里的“关联”指将它们组合在一起，使之成为一类并为之命名。可以参考图 1–14。

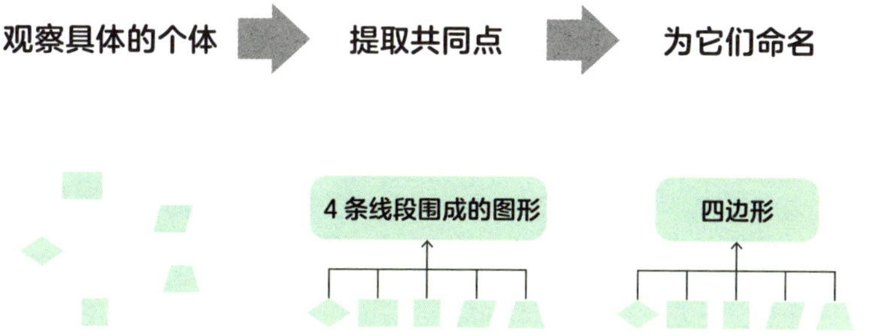

图 1–14

图1–14 以“四边形”这一概念为例，向我们展示了抽象化的过程。我们要先观察这些看似凌乱的具体图形，然后从中提取出它们的共同点：由 4 条线段围成。于是，我们就可以将它们定义为“四边形”。

你会发现，一个抽象的概念囊括了多个不同的具体事物。因此，“抽象”与“具体”之间的关系是“一对多”，可以用树状图来表示。

同时，图 1–14 也说明抽象概念产生的前提是有多个不同的具体事物。因此可以说，抽象概念能够让多个不同事物产生关联。

这意味着，要进行抽象化，就必须站在较高的角度同时观察多个具体事物，就像站在山顶俯瞰下方的景物。

相反，如果想让抽象的概念变得具体可感，就必须近距离地观察每个具体事物，这样才能看清它们的细节。在第 96 页“‘相同’与‘不同’的秘密”一节中，我们会详细地解释这一点。

由此可见，具体视角与抽象视角的区别之一，就像“近距离观察每个具体事物”和“从高处同时观察好几个具体事物”的区别，如图 1–15 所示。

所以，想抽象地看问题，就必须从更广阔的视角去捕捉事物的共同特征。

换句话说，“具体化”需要一台显微镜（近距离地、细致地观察），而“抽象化”则需要一双千里眼（站得高、看得远）。

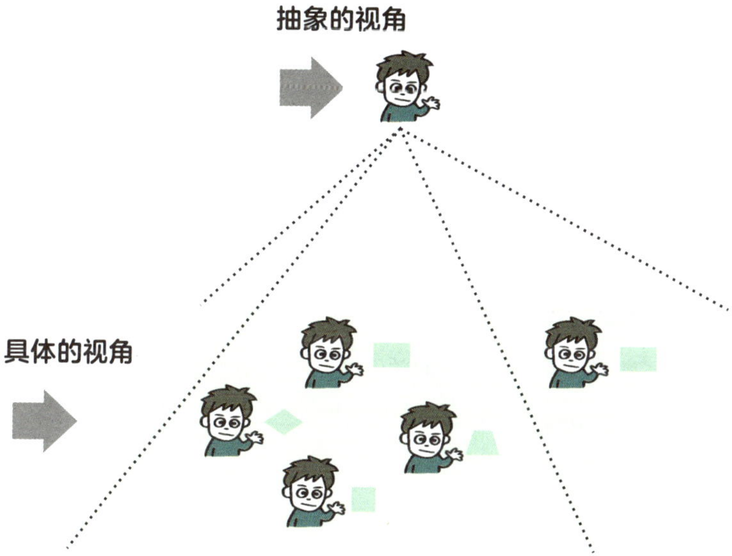

图 1-15

“具体与抽象”是高层金字塔

在“黄瓜与蔬菜是什么关系？”一节中，我们讲过，单独物体或例子与“种类”或“类型”的关系就是具体与抽象的关系，例如黄瓜和蔬菜、橘子和水果、猫和动物等。

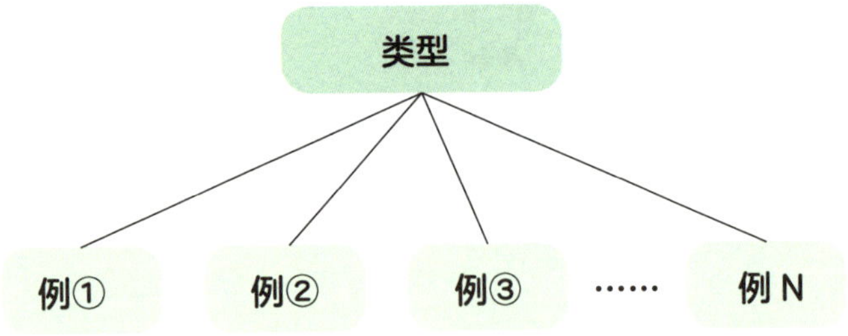

这意味着具体与抽象之间存在着上下级关系，就像楼房里的 1 层、2 层……一样，是层层叠加的。

可视的、有颜色或有形状的具体事物，比如前文的“黄瓜“橘子”“猫”都可以放在 1 层，而“蔬菜”“水果”“动物”等类型的名字作为抽象概念，则可以放在 2 层。

准确地说，具体与抽象之间的结构并不只有两层，而是许多层叠加在一起，就像“摩天大楼”一样。

你逛过超市吧？在超市里，上文提到的“蔬菜”和“水果”会和鲜鱼、生肉等对新鲜度要求很高的商品放在一起，这一区域统称为“生鲜商品”。生鲜商品又会和干货（干香菇、干海带等）、乳制品、冷冻食品一起，被陈列在“食品”区。再往大了说，食品、肥皂等清洁用品、文具等都可以算作“商品”。

在这个例子里，我们通过一步步提升分类的概括程度，重复进行“具体→抽象”的抽象化过程。聪明的你一定想到了，**只要将这个过程反过来操作，就能实现具体化。**比如，“苹果”这一概念可以细分为红玉苹果、富士苹果等各种各样更为详细的类别（如图 1-16）。我们甚至可以将它最终细化到“某年某月某日某时某分某秒，我在自家客厅桌子上吃到的那一个苹果”。

金字塔结构

前文提到，具体与抽象的结构并非只有上下两层，而是一座“摩天大楼”。

如果说抽象化的过程是上楼，那么具体化的过程就是下楼，而且越往下，涉及的个体就越多，因此越靠下的楼层，面积会越大。如此看来，这座大楼非常像一座金字塔。

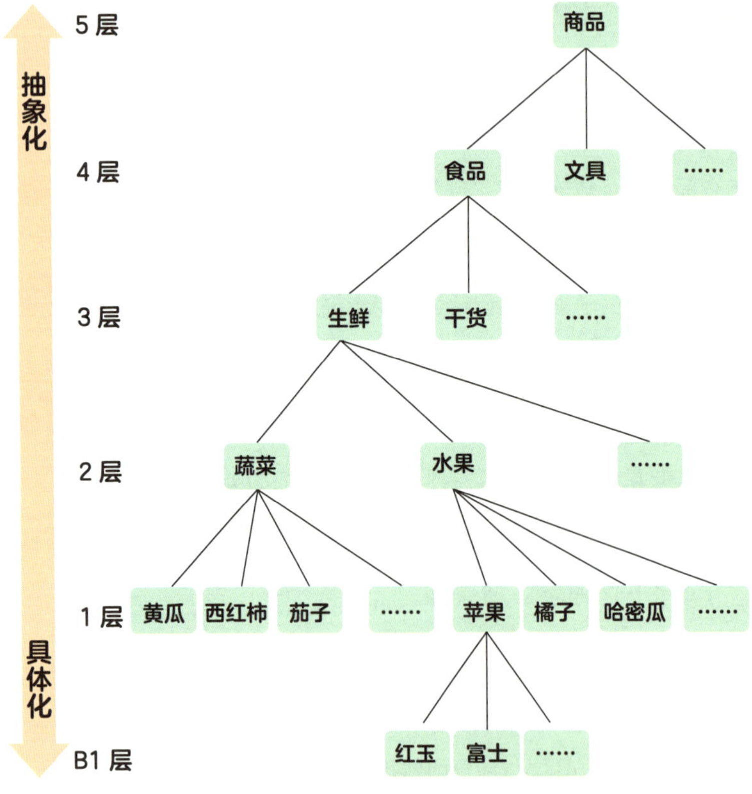

图 1–16

如图 1–16 所示，生活中常用的词汇有着不同的层次，既有处于

5 层的高层词语，也有深入地下、位于 B1 层的词语。

我们看似生活在平坦的地面上，其实却生活在“高高的金字塔”中。这么一想，你对周围世界的认知，是不是变得截然不同了？

不是“非黑即白”，而是更接近“灰色”

听我说了这么久“具体与抽象”，有些读者可能会认为，世界上的所有事物不是具体的，就是抽象的。

但上一节的图 1–16 告诉我们：具体与抽象都是相对的，一个事物并非“不是具体的，就是抽象的”。至于它是相对具体还是相对抽象，取决于它所处的具体情境。只有在具体情境中将它和其他事物进行比较，我们才能分辨出哪一个相对具体，哪一个相对抽象。

说到这里，我们就需要引入一个新概念：颗粒度。它描述的是事物划分的具体程度，一个概念包含的东西越多，范围越广，它的颗粒度就越大。

在前文中，我们说过“黄瓜”和“蔬菜”的关系就是具体与抽象的关系，但其实，黄瓜也可以和白洋葱、青茄子一起被归类为“浅色蔬菜”。就颗粒度而言，“浅色蔬菜”介于“黄瓜”和“蔬菜”之间（如图 1–17 所示）。

也就是说，“具体与抽象”的金字塔并没有明确固定的第 1 层、第 2 层、第 3 层……原本的层与层之间也不是一成不变的，你可以随时增加中间层。

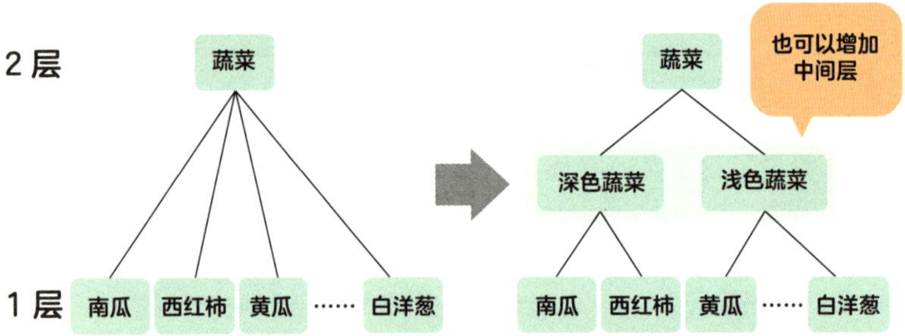

图 1–17

总而言之，“具体”和“抽象”是相对的，这座金字塔的颜色并非“非黑即白”，而是更接近灰色，最多是深灰色和浅灰色的区别（如图 1–18 所示）。

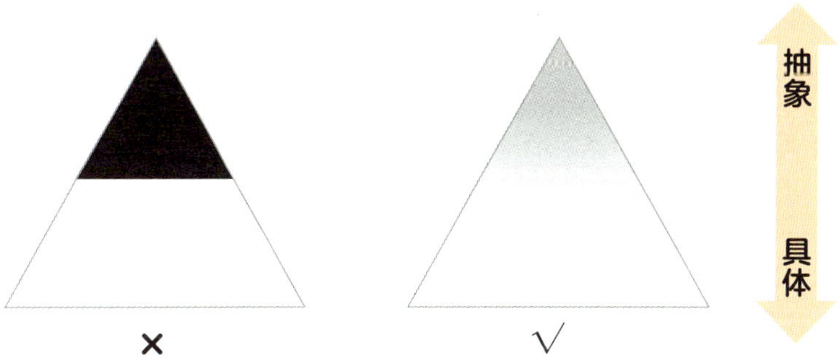

图 1-18

举个例子吧，我们都知道北京是中国的一座城市，所以如果将“北京”视为第 1 层，那么第 2 层就是“中国”。而在二者之间，我们又可以增加“华北地区”或“北方地区”等中间层。

在“中国”之上，我们还可以继续增加楼层，例如“亚洲”或“北半球”。反过来，我们也能在“北京”之下增加楼层，如“东城区”“西城区”等。

换句话说，“具体”与“抽象”之间的区别不是“突变”（如黑与白），而是“连续的变化”（如灰色的深浅）。因此，我们在理解“具体与抽象”金字塔时，最好不要关注“这个事物在哪一层”，而要通过相互比较，判断“哪个事物更具体或更抽象”。

以“南北半球”这个词语为例，乍一看觉得地球被分成了南、北两大部分，但实际情况并没有那么简单。只不过大致来说，相对寒冷的地方偏北，相对温暖的地方偏南。

“东”和“西”也是如此，比如在图 1–19 中，大阪在福冈的东边，同时又在东京的西边。要判断是“东”还是“西”，关键在于你选择的参照物。因此，我前面提过的“具体事物看得见，抽象事物看不见”，更准确的表述也许应该是“（在参照物的对比下）哪一方更容易被看见”。

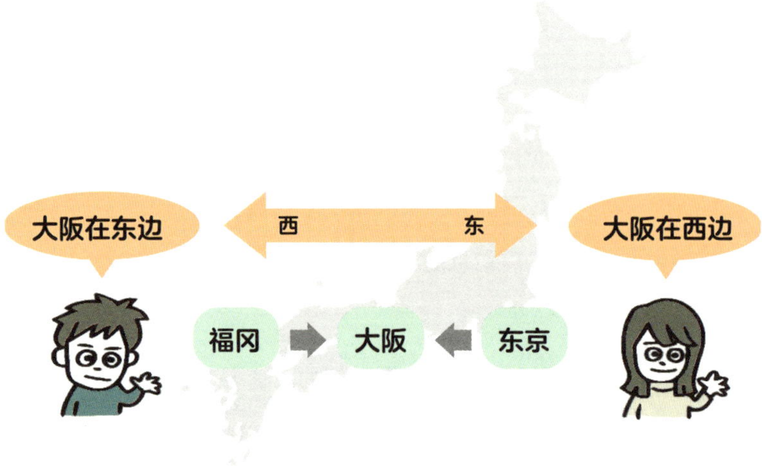

图 1–19

本章总结

第 1 章的主题是：什么是“具体与抽象”？在这一章中，我们结合例子，引入了“前言”中提到的两幅关键示意图，即图 0–1 和图 0–2。

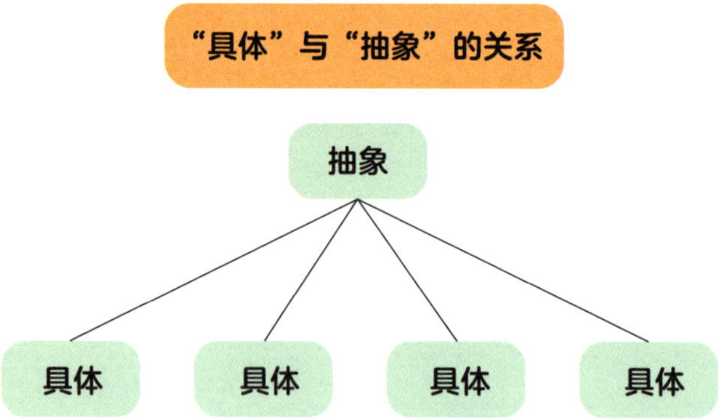

图 0–1

图 0–1 描绘了具体与抽象的关系。围绕二者的关系，我们聊了“数字”“语言”和“钱”，讲解了它们与人类历史以及日常生活的关系。

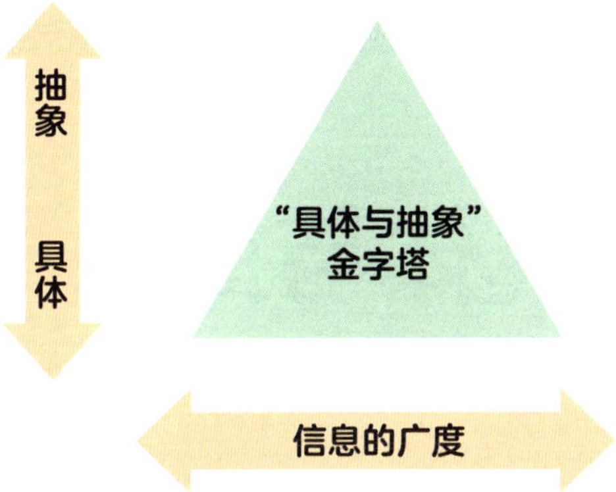

图 0-2

我们还认识了具有多层重叠结构的“具体与抽象”金字塔，知道了人类的认知和思维完全符合这一结构。

在接下来的第 2 章中，我们将引入第三幅关键示意图（图 0-3），向大家展示为什么“思考”就是思维在“具体”与“抽象”之间往返的过程。

第 2 章

用“具体与抽象”锻炼大脑吧！

“具体与抽象”有助于我们更高效地用脑，促使思考的触角向更深处蔓延。在本章中，我们将讨论“通过具体与抽象来思考”的作用及意义。

在“用脑”的诸多行为中，学习是极具代表性的一种。相信你每天都会花费大量时间来“学习”，但你有没有想过，“学习”到底是什么呢？在本章中，我们将会把“学习”这个难以捉摸的过程变得清晰易懂。

诚然，死记硬背能够帮助你获得一些知识，但如何才能把知识融会贯通，使其成为真正属于自己的东西呢？这就要依靠“具体与抽象”这种思考方式了。

“变聪明”是怎么回事？

人们常说，相较于动物而言，人有更高的智力。这意味着我们通常在某些方面比动物“聪明”。在这种语境下，“聪明”指智力，也就是更高的智能。

那么，“聪明”究竟意味着什么呢？

这是许多科学家长期研究的课题，但直到现在也没得出一个完美的答案。在本章中，我想尝试从“具体与抽象”的角度来思考这个问题。

人类是如何变聪明的？

我们可以通过回顾历史来找到解题的突破口。从古至今，人类是如何在生活中获取知识，从而变聪明的呢？

人类在滚滚向前的时间长河中积累了大量生存所必需的智慧。通过活用这些智慧的成果，如今的我们过上了比古人更舒适的生活。那么，我们是如何一步步获得这些智慧的呢？

比如说，可以预测天气情况的“天气预报”便是一种智慧。

现在，我们可以轻松地在电视或手机上看到天气预报，但古人可没有这么方便的条件，因此对他们来说，预测天气状况是生活中的头等大事。

我们可以试着想象这样的场景：在古代某地，有很多人分别在 3 月 24 日、5 月 8 日、9 月 20 日、11 月 7 日等不同的日子发现“昨天有晚霞，今天天气晴朗”。

如果这种现象仅出现一天，那无法说明什么；但如果很多人在不同的地点和不同的日子都经历了这样的场景，那他们就可以归纳出一条规律，即“如果前一天有晚霞，那么第二天就是晴天”。

这就是“把具体经验归纳为普遍规律”（如图 2-1 所示）。

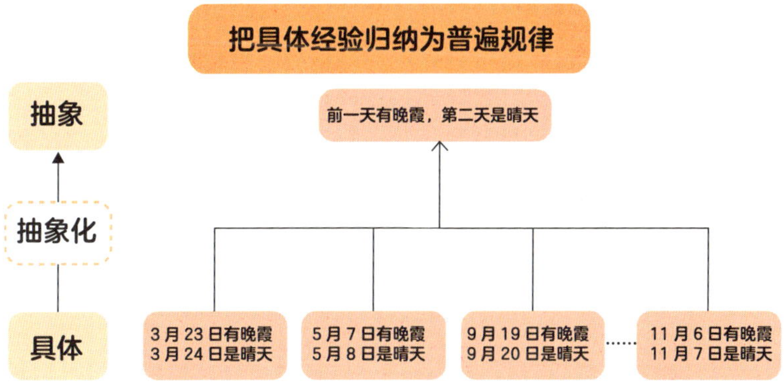

图 2-1

像这样从无数个体的经验中总结出一条共通的规律，就是人类将具体事件转化为抽象智慧的典型例子。

这样得来的智慧和经验，无论好坏，都是抽象的，不会直接起作用。但如果把它们放在一个个具体的情境中加以运用，它们就可以指导我们的生活（如图 2-2 所示）。

比如说 5 月 12 日有夕阳，那么第二天——5 月 13 日——有很大可能是晴天。

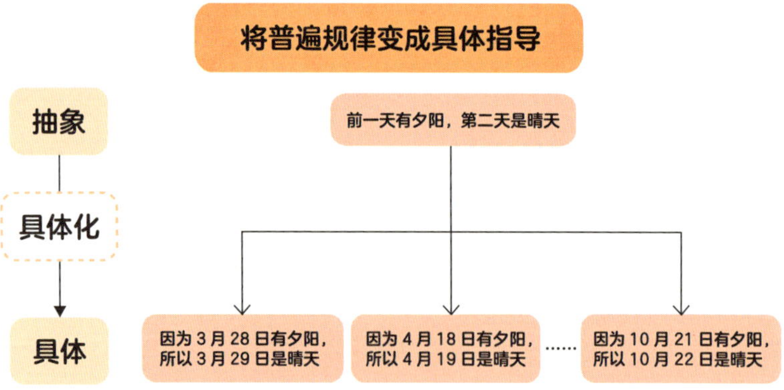

图 2-2

现在明白了吧？通过学习，人们不断总结经验、教训，就这样变得更聪明了。在这个过程中，人们先要进行“抽象化”（具体→抽象），再进行“具体化”（抽象→具体）。

我们可以将这两个步骤归纳为图 2-3。

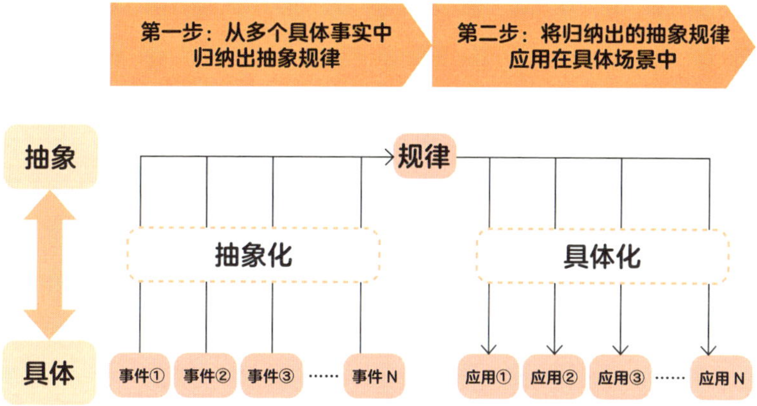

图 2-3

由此可以看出，生活的智慧正是在“具体”与“抽象”来回切换的过程中产生的。

因而，我们要做的不是记住每个具体的事件，而是找出多个类似事件的普遍规律，为指导将来的生活做准备。这样下次遇到类似事件时，我们就能把学到的普遍规律运用到眼前的具体事件中，做到学以致用。

换句话说，人类就是这样变聪明的：**从过往的经历中吸取经验、教训，总结规律，这样下次遇到类似情况时，就能够避免不好的事情**

再次发生。

利用前人的智慧

这样的普遍规律适用于各种情况。它们在物理、化学、数学等自然科学中被称为“定律”或者“定理”，如万有引力定律、胡克定律，以及勾股定理、圆周角定理等。

套用这些定律和定理，我们遇到问题时，不必每次都从头开始分析，从而节省了时间与精力，轻松应对各种情况。

无论是学习各种定律，还是做练习题，其实都是在学习一种“化抽象规律为具体方法”的思维方式。这种思维方式能帮助我们将抽象的规律应用到日常生活中。

我们正站在巨人的肩膀上。那些伟大的科学家、研究人员通过实验和思考总结出了众多定理和法则，而我们正是借助前人的智慧，才得以走得更远。

“学习”到底是什么？

在上一节中，我们讨论了人类是如何变聪明的：人类的思维在“具体”与“抽象”之间反复穿梭，从而获得了动物无法掌握的大量知识。

那么，你为了变聪明都会做些什么呢？我想肯定少不了学习。你每天都要去学校上课，在家也要继续学习。

学习是为了让我们变得更聪明，让我们一天比一天更好。这么说来，学习的过程应该与“变聪明”的过程是一致的。

现在，我们把上一节提到的“变聪明的过程”套用到学习中，看看它们到底有什么联系吧。

用三个步骤来理解学习

这里，我们用烹饪来比喻学习。你知道如何烹饪吗？

我们要先准备好蔬菜、肉类等食材，然后进行切、煮、烤等加工

（烹调），最终装盘完成一道美味的菜肴。

简而言之，烹饪一道菜总共需要三步：①准备食材；②进行烹调；③装盘完成。

从某种角度来说，这三个步骤也适用于学习。我们常通过做题来学习，而做题的过程其实就是对掌握的知识（材料）进行加工，并最终获得答案（成果）的过程。

换句话说，“收集材料并对其进行加工，从而得出成果”，是“烹饪”和“学习”共通的步骤。

那么问题来了，如果说烹饪中的“食材”对应的是“已经掌握的知识或收集到的新信息”，那么烹饪中的“加工”“烹调”对应的是“学习”中的什么步骤呢？

做题时，你需要开动脑筋，认真思考，因为这样才能找到答案。

也就是说，烹饪中的“烹调”，其实就是学习中的“思考”。**就像做菜需要烹调一样，在解答问题时，我们需要对已有的知识和信息进行加工（思考），从而得到新的知识和信息。**

让我们再从“思考”的角度来探究一下“学习”的内涵吧。

Q 如果有人问“你从学习中获得了什么”，你会如何回答？

也许很多人会回答“知识”，毕竟学校经常被说成“学知识的地方”（如果我们把交友或运动等活动排除在外，只专注于“学习”领域的话）。

但是，学习的作用真的只有积累知识吗？我认为，这种认知并不全面。

前文提到，已有的知识加上思考会产生新的知识，所以人才会变得越来越聪明。也就是说，我们学习不仅是为了获取知识本身，还为了学会思考。

烹饪也是这个道理：通过烹饪，我们不仅能获得菜肴本身，还能学到烹饪的方法。

把上述内容与之前的“具体与抽象”金字塔联系起来，你会发现，

“具体与抽象”金字塔可以很直观地展示出人类智慧增长的原理：对知识进行抽象化处理，再将所得结果应用于具体情境，从而创造新的知识。

在这个过程中，“知识量的增加”意味着金字塔在水平方向的拓展，即具体的知识越来越多；而“思考的深入”则意味着金字塔在垂直方向的攀升，即重复具体化与抽象化。

换句话说，为了变得聪明，**我们必须扩展知识面，让金字塔底部越来越宽，同时通过深入思考，让金字塔越来越高。**如图 2–4 所示，两个维度共同增长，智慧金字塔才会越来越宽阔、高大。

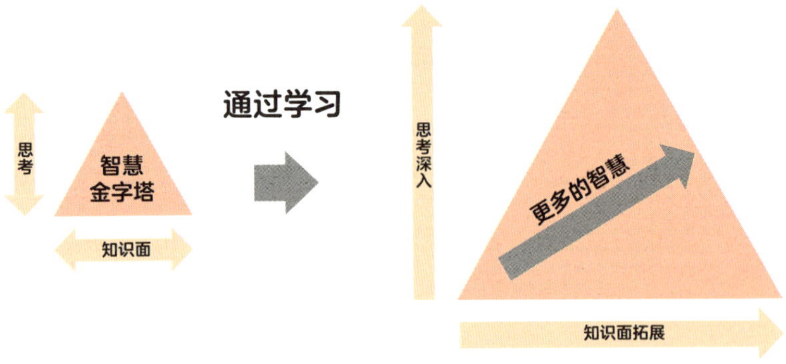

图 2–4

在以往的学习中，你可能已经意识到了拓展知识面（也就是让金字塔变宽）的重要性，但忽略了深入思考的价值。

拓展知识面的方式，简单来说就是死记硬背，比如背成语、英语单词或记忆历史事件，都能帮助你增加智慧金字塔的宽度。

那么，学什么才能让金字塔越来越高呢？比较典型的就是学数学，因为“数”是人类抽象化能力的代表性产物。

有了数字“5”，我们才能将5只狮子、5只羊、5个西红柿、5把椅子这些事物作为一种概念来描述。只要事物的数量是5，我们就可以使用抽象的“5”来描述。然后，在有需要的时候，我们又能将“5”具体化为各种事物的数量。

所以，不要小看这些“数”，哪怕只是简单的加减乘除，里面都暗含着抽象化和具体化的过程，而运算的过程则能帮助我们提升应用抽象概念的能力。

又如，数学方程式里的x和y这两个符号，以及三角形等几何图形，都是抽象概念的代表。

数学是处理抽象概念的工具，因此在运算过程中，抽象化和具体化会反复发生。

学习不仅是人们常说的“积累知识”的过程，也是上演抽象化和具体化的重要舞台。只有将金字塔的横向发展和纵向发展结合起来，我们的智慧体系才会健康发展。

理解这一点，你可以参考第191页的“要‘鱼’还是要‘渔’？”。

用“Why”（为什么）与“How”（怎么做）激发思考

接下来，我们再结合“具体与抽象”进一步探讨“思考”究竟是什么。你有没有听过“5W1H”呢？

它是对以下六个英文疑问词的总结。

- Why（为什么）
- What（是什么，做什么）
- Who（谁）
- When（什么时间）
- Where（在哪里）
- How（怎么做）

只要提问，就避不开这些疑问词，而“5W1H”能够将这么多疑问词囊括成一个词，使用起来很方便。

乍一看，这六个疑问词差不多，但其实“Why”“How”和其他四个词是有区别的。

我们来举例说明吧。

大家在历史课上会学到一个著名的历史事件——大泽乡起义，它指的是“公元前209年，陈胜、吴广在大泽乡起义”这一事件。我们对双引号内的内容进行分析，就会得到“5W1H”中的四个“W”：

· 公元前209年（When）

· 陈胜、吴广（Who）

· 大泽乡（Where）

· 起义（What）

对任何历史事件或者发生在身边的事情，你都可以试着用这四个疑问词来介绍。你会发现，它们刚好囊括了一件事最基本的信息。

在历史考试中，这些疑问词常常出现在选择题的题干中。例如：

①（　　　　），陈胜、吴广在大泽乡起义。（When）

A. 公元前208年　　B. 公元前210年

C. 公元前 207 年　　D. 公元前 209 年

②公元前 209 年，(　　　　　) 在大泽乡起义。(Who)

A. 陈胜、吴广　　B. 刘邦　　C. 刘备　　D. 项羽

③公元前 209 年，陈胜、吴广在 (　　　　　) 起义。(Where)

A. 咸阳　　B. 大泽乡　　C. 陈县　　D. 荥阳

④公元前 209 年，陈胜、吴广在大泽乡 (　　　　　)。(What)

A. 经商　　B. 做官　　C. 起义　　D. 病逝

以上四个选择题有一些共同点：

· 可以改编成填空题

· 正确答案是固定的

· 选项都是词语

然而，这些共同点却不适用于以“Why”“How”为主题的问题。

首先说“Why”。“为什么陈胜、吴广于公元前 209 年在大泽乡发动了起义？”这个问题不是填空题，而是简答题。这类问题往往没有固定的正确答案，也不能简单地用某个词语来回答。

“How”与之类似，“公元前 209 年，陈胜、吴广是如何起义的？”也不是一道填空题。面对这类问题，只回答某个词语肯定是不够的，我们需要结合多种事实，给出合理的答案。

为思考而生的疑问词

可以说，“Why”和“How”要求我们在“4W”（Who、What、When、Where）所提示的事实基础之上，进一步思考，得出自己的看法。

所以，当你通过“Why”“How”提问时，答案通常不是某一个词语，而是一段文字描述。

这意味着什么呢？

我们已经知道，“When”“Where”“Who”“What”与“Why”“How”有区别。如果说“4W”是“点”，那么“Why”和“How”就是连接这些点的线。这里所说的“线”指的其实是不同事物之间的关系。

例如，“Why”是通过手段去链接目的（为什么要这么做），而“How”则反过来通过目的去链接手段（如何实现这个目的）。

“手段”与“目的”又恰好分别是“容易看见的东西”与“不容易看见的东西”，且“同一个目的可以对应多个手段”，所以我们可以将“手段”与“目的”的关系看作“具体”与“抽象”的关系。再进一步说，我们可以把“Why”当作“化具体为抽象”的疑问词，把“How”当作“化抽象为具体”的疑问词（如图 2–5 所示）。

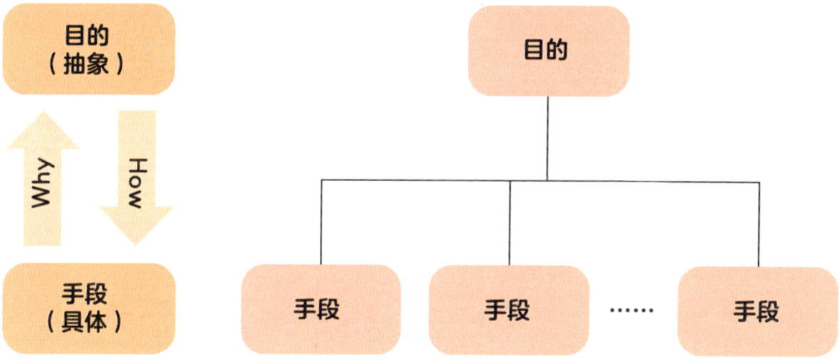

图 2–5

读到这里，你会发现，“5W1H”中的“When”“Where”“Who”“What”与“Why ”“How ”显然具有不同的性质。它们之间的区别可以用图 2–6 来表示。

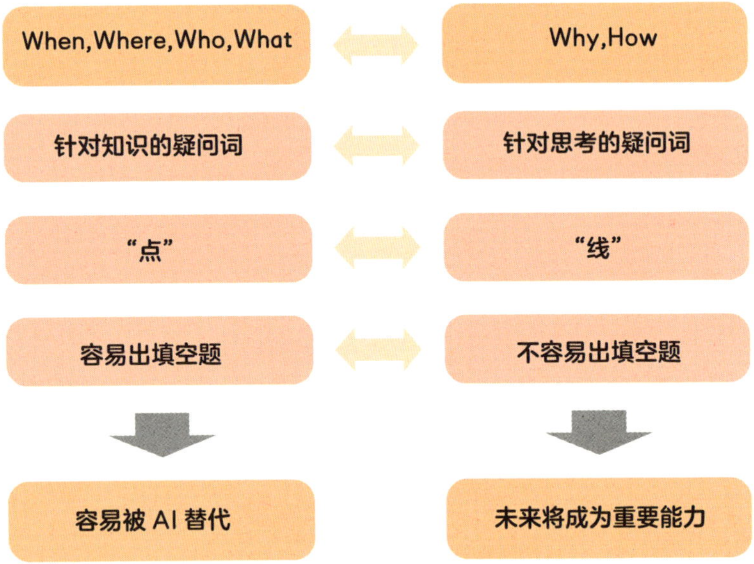

图 2-6

解答填空题依靠记忆，这种能力未来很可能会被 AI 取代。

近年来，在知识和信息量方面，机器相较于人类已展现出压倒性的优势。今后，利用“Why”和“How”这两个疑问词对事物进行抽象化思考或具体化思考的能力将会越来越重要。

不过，教科书里明确给出答案的“Why”和“How”，本质上更接近死记硬背的知识，AI 目前已经可以回答了。但从更广泛的层面来说，“Why”和“How”的答案的广度、深度和自由度明显比

“What”“When”“Where”“Who”的答案更大，而且这两种问题往往没有唯一的正确答案，还需要更多想象力和复杂的思考。不难预见，在未来相当长的一段时间内，面对“Why”和“How”，人类都会给出独具一格的答案。

尝试想象“Why”和“How”

许多历史学家和历史爱好者之所以喜欢历史，**正是因为历史中的“Why”和“How”充满了无尽的可能性和不确定性。**

历史这门科目不仅充满了“知识”，还包含着各种“思考”。

不断积累事实性的知识肯定是学习这门科目的前提，但真正有趣的是，我们可以在事实性知识的基础上尽情想象历史中的那些“Why”和“How”。

我相信，历史爱好者们会有这样的共识：如果仅仅记住事实（尽管光做到这一点就已经非常不容易了），放弃深入探索，那将是一件非常遗憾的事。

这种情况不仅体现在学习历史这门科目上，也适用于我们身边的所有事物。你会仅停留在“4W”上，还是会据此思考“Why”和“How”呢？可以说，这正是通过抽象化（Why）和具体化（How）进行思考的乐趣所在。

那么，“思考”究竟是什么呢？我们可以将其与之前讨论的“变聪明”的过程结合起来理解。

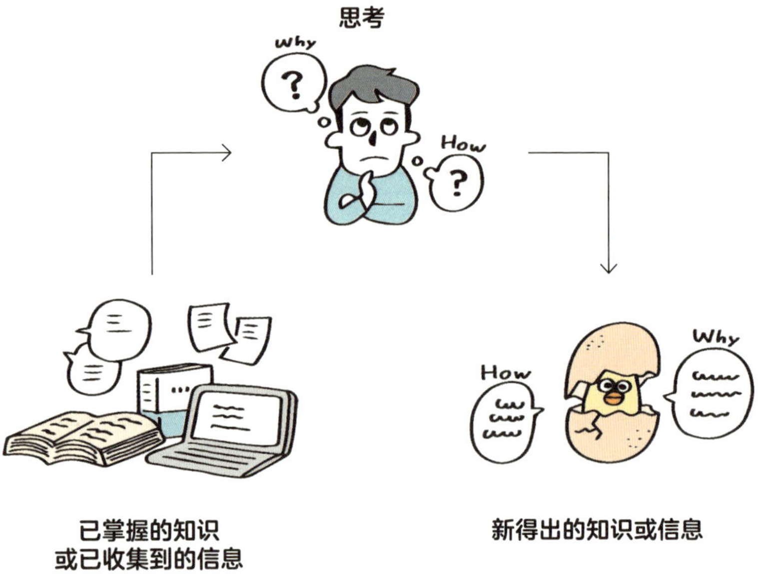

前文提到，将知识和经验进行抽象化，然后再将所得结果应用到具体场景中，这就是人类变得更聪明的过程。而“思考”就是对事物进行“抽象化”或“具体化”的过程。

抽象化的典型代表是问一问“Why”，寻找事物背后的原因或目的；而具体化的典型代表则是想一想“How”，探索达成目的的具体手段。

由此可见，当我们在思考时，思维就像在“具体与抽象”金字塔里乘坐电梯，时而上升（偏向抽象化），时而下降（偏向具体化）。我们在金字塔中所处的“高度”不同，眼中的世界当然也会大相径庭。接下来，我们将从其他角度来探讨这个“高度”如何影响我们对事物的看法。

“相同”与“不同”的秘密

Q 以下十组图画中的 A 和 B 相同吗？

先来看第①组，即“人”和“盆栽”。应该没人觉得二者是相同的吧？

接着看第②组的“人”和“蚂蚱”、第③组的“人”和“马”以及第④组的“人”和“猴子”。这三组的情况和第一组差不多，大家都会觉得两个选项并不相同。

然而，到了第⑤组，答案就不那么肯定了。如果把这两幅图分别看作“男性”和“女性”，似乎可以认为它们“完全不同”。但如果从男女平等的角度来说，无论你是什么性别，都同样是人类这个大群体之中的一员。因此，判断二者是否相同时，大家的看法可能会有分歧。

再看第⑥组。显然，左右两个人的长相不同，而且一个有胡子，一个没胡子。但二者同为“人类男性”，说相同好像也有点儿道理。

接着看第⑦组。左右两人是同一个人，只不过左边是彩色插画，而右边是黑白线条画。单说表现手法的话，二者是完全不同的（对设计师、插画师等来说，这种区别会更明显）。

本来，你或许会觉得“找不同”简直太简单了……可是现在，你还确定自己知道什么是“相同”，什么是“不同”吗？

继续看。第⑧组、第⑨组与第⑦组类似，左右两幅图都是“用不同的表现方式描绘同一个人”（比如第⑨组，左边的图用了更大的尺寸，而右边的图则尺寸较小），因此不能简单地说二者“相同”或“不同”。

到了第⑩组，你大概终于能自信地回答：“这两个选项无论怎么看都是相同的！”

但请你再想想，第⑩组的左右两幅图真的完全“相同”吗？

我们换个角度来思考一下。当然，这两幅图从外观上看完全相同，无论怎么分类，都可以说它们并无区别。

然而，**外观相同的事物，就可以说是相同的吗？**

虽然第⑩组的左右两幅图看上去的确完全相同，但其实它们的“**使用目的**”并不同。

左边的图展示的是“A 选项”，而右边的图展示的是“B 选项”。从这个角度去想，你会发现它们还是有区别的。你可能会怀疑这样严格的区分是否有意义，但试想，如果在印刷过程中，左边的图上出现了污点，那“修左边的图”还是“修右边的图”就会成为一个很重要的问题，哪怕二者几乎一模一样。

既“相同”，也“不同”

回顾上文讨论的问题，我们可以得出以下结论：根据视角的不同，第⑤～⑩组的两幅图既可以认为是相同的，也可以认为是不同的。

现在，我们来重新观察一下“完全不同”的第①～④组图吧。

第①组是“人”和“盆栽”，如果将它们都视作“生物”，那么二者便是相同的。同样，对于第②～④组中的图，如果从“动物”“哺乳动物”或“灵长目动物”的角度看，也可以说它们都是相同的。

以此类推，你会发现在这个地球上（甚至在宇宙中），几乎任意两个事物都可以说是相同的，也可以说是不同的。为什么会出现这种情况呢？

值得注意的是，在这十组图中，我们描述选项A的方式会随着对比的对象，也就是选项B的不同而发生变化。

选项A的图，我们开始称之为“人”，然后称之为“男性”，后来又将它描述为“没胡子”“彩色插画”“用了更大的尺寸”，最终将其概括为“选项A”。

也就是说，即使是同一事物，我们描述它的方式也会根据具体情况而有所不同。

我们描述一个事物，实际是在给它归类，确定它属于哪个群体。而对事物的分类会根据“想把它跟什么事物区分开”而有所不同，你会发现分类的颗粒度实际上就等于抽象化的程度。请参考图2-7。

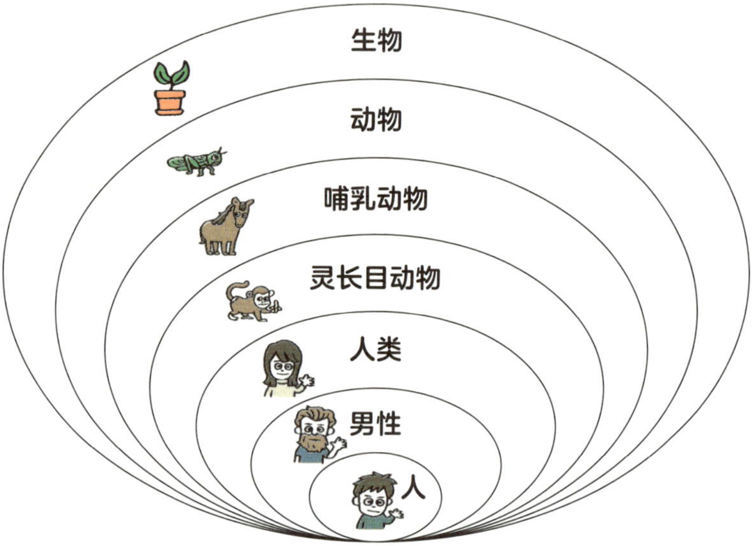

图 2-7

我们将图中的人依次纳入范围更大的分类：男性、人类、灵长目动物、哺乳动物、动物以及生物。在这个过程中，一些看似与之不同的事物逐渐变成了与之相同的事物，而这一过程同时也是将具体事物转化为抽象概念的过程。

如果用金字塔图来展示这个转化过程，我们会看到图 2-8 所示的内容（选项⑦～⑩的切入点与其他组不同，因此无法绘制在本图中）。

由图 2-8 可以得知：**当我们进行抽象思考时，所有事物都有相同**

之处；当我们观察具体事物时，所有事物都迥然不同。

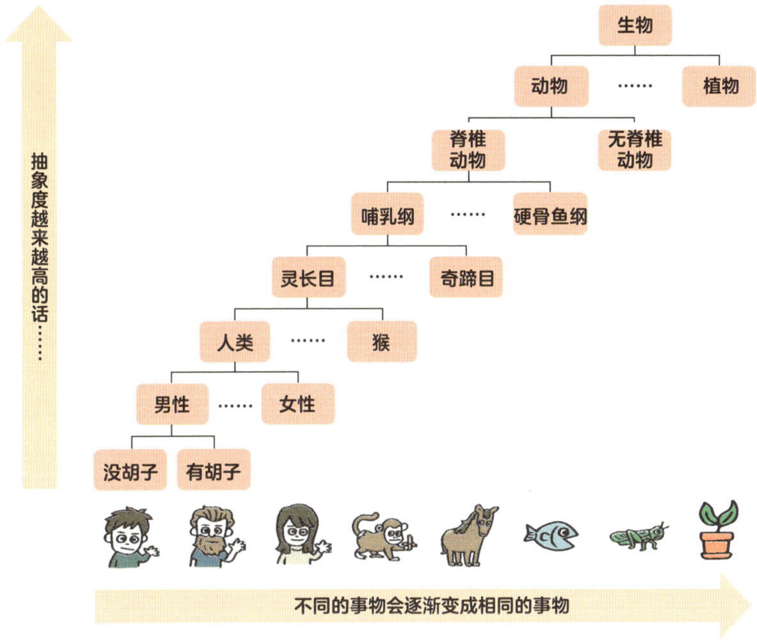

图 2-8

“读书”的好处

你身边的大人有没有让你多读书呢？

大人建议你多读书，是因为他们认为读书对你有好处。那么，这里的“好处”具体指什么呢？

“提升认知能力”就是读书的好处之一。当然，读书的好处还有很多，但接下来我们只围绕“提升认知能力”这一点来讨论。

实际上，“提升认知能力”这件事也可以细分为两个方面，就像我在前文谈到的那样，只有“横向”和“纵向”一起发展，人才会越来越聪明，而读书恰恰可以帮你做到这一点。

横向发展，即知识量的增加，不必多说。对于“为什么要读书？”这个问题，我相信很多人都会回答“为了获得更多的知识”。

读到这里，你可能会想：现在这个时代，人人都有手机，书已经过时了，不如直接看社交媒体和网络文章，获取信息更有效率。

这种看法虽然说得通，却忽略了读书的另外一个重要作用。

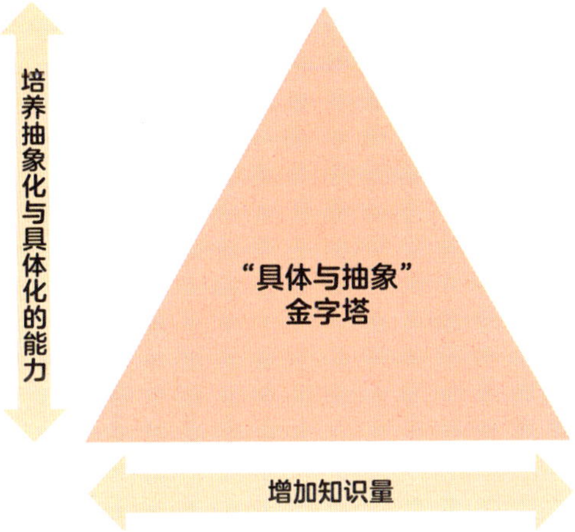

如果仅仅是为了增加知识量，那手机上的信息确实足够了。可是单靠社交媒体或网络文章，很难培养我们的抽象化能力和具体化能力。

为什么这么说呢？只要找到书、网络文章和社交媒体在“具体与抽象”金字塔中的定位（如图 2-9 所示），原因就一目了然了。

先说年轻人常用的社交媒体。人们通过这些软件进行交流时，往往比较随意，只言片语居多，少数情况下才会出现完整的句子。

接下来是网络文章。这些文章就算再长，也不过几个段落，很少出现“章”或者“节”。

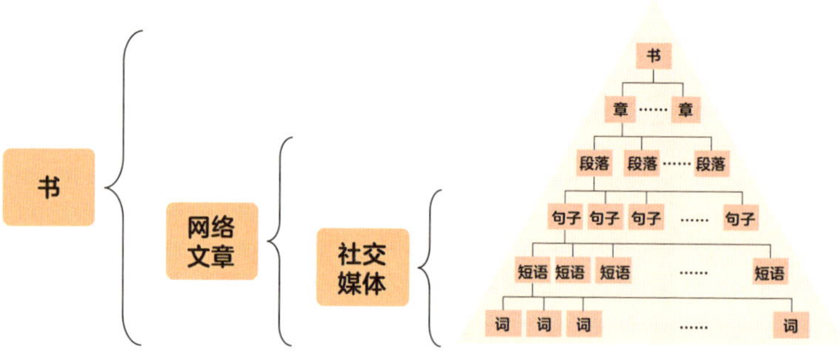

图 2-9

※ 图中的“书”“章”“段落”等，应理解为总结整体内容时所需的抽象化程度。内容增加时，理解整体内容所需的抽象化能力也会随之增强。

读书是“具体”与“抽象”的反复循环

最后是“书”。

一本书的结构我们都熟悉，一般是段落与段落相连形成一节，数节组成一章，数章构成整本书。

社交媒体上的信息通常为几个字到几十字，网络文章为几百字到几千字，而一本书通常会有数万字以上。

因此，书中自然会出现更多抽象度偏高的信息，如整体结构、主线故事、深层意义等。

阅读一本书时，我们会不自觉地从大量的具体描写中提取并解读那些抽象的信息，然后将其套用到自己的具体生活中。这种有意或无

意的抽象化、具体化会反复发生，贯穿我们阅读的整个过程。

这里所说的“书”不仅指纸质书、电子书，也包括网络上的论文等。一篇文章只要有章节，有结构，有合乎逻辑的故事线或者高度抽象的信息，即各种抽象概念，就可以培养我们的“纵向”思维能力。当然，要做到这些，文章也得有一定的篇幅。

书是一种重要的工具。如果我们想锻炼抽象化、具体化的能力，其实最好的办法就是读书。

随着信息技术的高速发展，人工智能已经逐渐成为我们的数据库，能够帮助我们进行一些记忆的工作了。所以，人类应该把更多的精力用于提升思维能力，利用“具体与抽象”去做一些机器做不到的事情。

因此，即使在网络信息日益泛滥的今天，读书仍很重要，甚至可能变得比以往更加重要了。

本章总结

在本章中，我们从“具体与抽象”的视角探讨了“思考”这件事的本质和意义。

我们引入了“前言”提到的第三幅关键示意图：图 0–3。

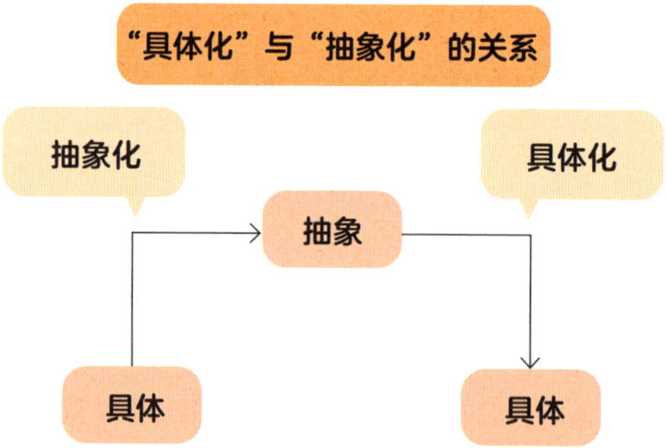

图 0–3

抽象化是从具体事物中提取出抽象概念；具体化则相反，是将抽象概念应用于具体事物。如果能在日常生活中有效地运用这两种思维，我们的思考将会更加高效。

在本章中，我们知道了思维能力与知识量是有区别的，它们各有特点。

增加知识量曾经是我们学习的主要目标，但随着人工智能的发展，人类已经进入了一个全新的时代，一个更重视思维能力提升的时代。而要想提升这项能力，我们首先需要了解人类思维的原理。

到目前为止，我们已经介绍了“具体与抽象”的基本含义（这里的“基本”不是指“简单”，而是指“基础”）和三幅关键示意图。在接下来的章节中，我们将讨论如何将“具体与抽象”应用到学习和日常生活中。

第 3 章

如何在学习中活用“具体与抽象”？

有些人认为，在学校学到的知识在生活中没什么用。你认同这样的观点吗？

不论认同与否，我们都必须花费数年宝贵的青春时光，坐在教室里，跟着老师学习。学都学了，难道你不希望这段经历能够为将来的生活带来实际的好处吗？

本章中，我将向大家说明：学习其实是一种思维训练，它能教会我们如何让思维在“具体”与“抽象”之间切换——就像坐着电梯在金字塔里上升、下降。这种训练非常有用，即使你将来离开学校，进入社会，它依然会继续为你提供帮助。

在学校学到的知识是否有用，取决于你是否拥有“具体与抽象”的思维方式。值得一提的是，其中有一种视角可以帮你总结、归纳多个具体事物之间的关系。

随着人工智能的飞速发展，未来学校和教育的形式肯定会发生重大变化。届时，“具体与抽象”可以帮助我们掌握自主学习、提升自我的方法，从而让我们适应全新的时代。

为什么要做历年真题？

或早或晚，你总会在生活中经历各种考试。对于你来说，当下最紧迫也是最重要的，恐怕是小升初、中考或者高考了。此外，大学生还需要通过考试来检测自己的英语水平，医生、律师等职业的从业资格证也需要通过参加特定的考试来取得。

在重要的大考之前，我相信每个人都会做些准备，其中最常用的应试策略就是做真题了。哪怕做得不多，绝大多数人也会找来近几年的考试真题研究一番。

要想通过考试，做真题确实是一个必要的步骤。但仔细想想，你又会觉得这件事有些奇怪。就拿入学考试来说，前一年出过的题目基本不可能重复出现在今年的试卷上。换句话说，两道题连续两年出现的概率极低。如果你指望通过做真题来押中考题，那几乎是天方夜谭。

可即便如此，大家还是会选择做历年的真题。这是为什么呢？

我们来分析一下大家在解答历年真题时会注意到的地方。

从真题中可以知道……

我们都知道，每年的考试题目、答案必然不同。那么，从历年真题中，我们可以了解到什么呢？

答案是“倾向”。这个“倾向”指的是什么呢？

比如，它可能包括以下几个方面：

· 考试范围：试卷会考查哪些知识点，出题频率如何。

· 出题形式：题目是选择题还是问答题，如果是问答题，是否有字数要求和答题规范。

· 题量与时间分配：题目数量有多少，作文对字数有什么要求，考试时间如何分配。

· 试题难度：试题是从易到难，还是从难到易，又或者题目顺序与难度无关等。

· 难度变化：观察历年真题，总结试卷难度随时间的变化（难度是逐年增加，还是根据年份不同而有波动）……

从历年真题中了解到的“倾向”不是指具体每一道考题的情况，而是指所有考题的共同特征以及考试的整体趋势。很明显，这些属于前文所说的“抽象”概念（如图 3-1 所示）。

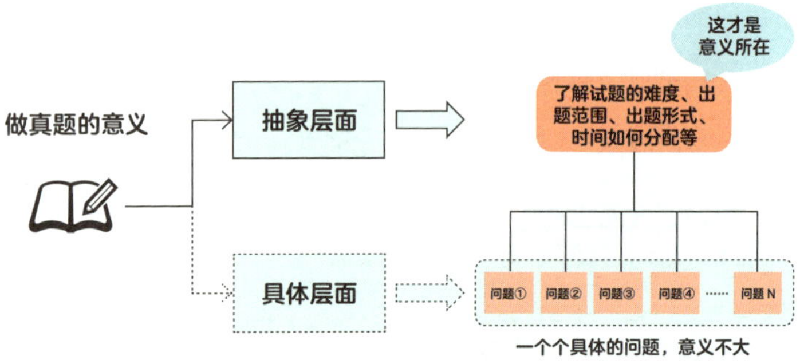

图 3-1

也就是说，备考其实可以分为两个层面：**一个是具体层面（解答每道考题），另一个是抽象层面（懂得在有限的时间内合理分配时间和确定各个题目的优先级）。**

你周围是不是有人特别擅长考试呢？经过前文的讨论，他们应试的秘诀就很明显了——抓整体倾向，而不是拘泥于每一道具体的考题。这个话题，我们会在后文中详细讨论。

用“具体与抽象”学习历史

读到这里，相信你已经明白我们为什么要做真题了。你会发现，将“过去的考题”替换为“历史”，我们还能用相同的逻辑理解学习历史的意义。（不断思考“从这件事中是否还能获得其他启发”本身也是应用“具体与抽象”的一种途径。）

或许有些同学会感到奇怪：“学历史有什么意义？历史不都是过去发生的事情吗？”

但读到这里，你一定会发现这个疑问与“要准备今年的考试，做去年的真题有什么意义”是相似的，因为历史也可以看作“人类曾经面对的考题”。

学历史的意义同样要从抽象层面去思考：我们洞察历史的趋势，找寻事件之间的关联，并从中汲取经验、教训，再应用到今后的生活当中。

举个例子：“著名的亚历山大大帝于公元前 323 年 6 月病逝”这

一具体的历史事件不会再次发生，但我们依然可以从这个事件中总结出掌权者的意外离世会对政治局势产生何种影响。这套经验还可以应用到当今的国际政治格局以及大小企业的经营管理中，甚至能给你的校园生活提供帮助。比如你班上的“孩子王”突然转学，依据历史经验，你完全可以预想到班里的小圈子在这之后会发生怎样的变化。

不过，单纯背诵“某年某月某人做了什么”这样的历史事件细节，就像做完某一年真题之后只记住了“第 2 大题第 3 小题的正确答案是 C”一样——学习历史仅停留在具体层面。这对你今后的生活几乎没有任何实际帮助。

换种视角，让历史学习变得更有趣

什么才叫“从抽象层面学习历史”呢？要想回答这个问题，我们可以从具体与抽象的关系入手。

我们首先要做的是把“从具体层面学习历史”和“从抽象层面学习历史”区分开。图 3-2 就展示了这两种学习方式的差异。这两种学习方式是对“具体与抽象”这种思维方式的应用，也很好地体现了具体与抽象各自的特点。我们来详细介绍。

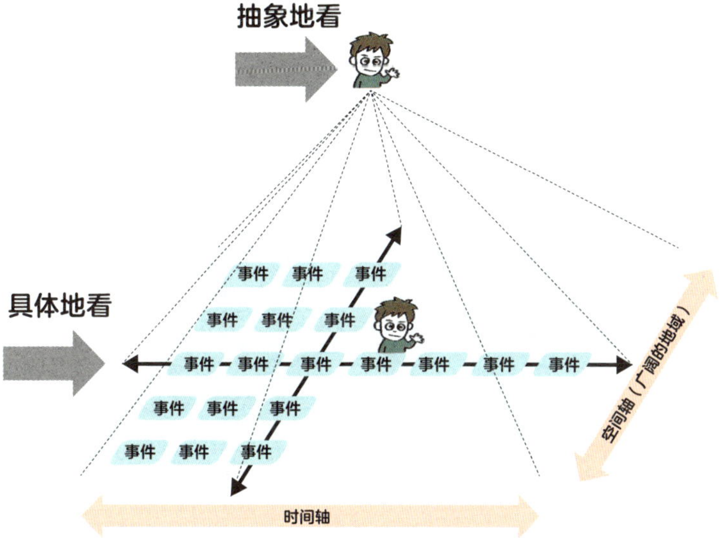

图 3-2

※ 时间轴右侧的未来部分也存在密集的事件，这里进行了简化。

我们知道，如果说具体事件是一个个分散的点，那么抽象则是这些点构成的集合体。以此类推，具体的视角就是将过去的事件视为单独的“点”，抽象的视角就是将这些点连成“线”，甚至将多条线连接起来，结合时间和空间（广阔的地域）维度形成“面”。

从具体层面看历史	从抽象层面看历史
· 将事件视为“点”	· 将事件视为“线”或“面”
· 从微观角度看待	· 从宏观角度看待
· 记住专有名词和年代	· 粗略地观察历史事件的发展
· 作为单独的事件来看	· 从时代的前后关系中理解历史事件
· 背诵事件	· 思考事件发生的原因
· 作为过去的事件来学习	· 考虑如何将其应用于现在和未来

从具体层面（微观角度）看历史，与从抽象层面（宏观角度）看历史，你能看到的范围是不一样的。

从具体层面理解历史时，我们着力于记忆具体的人名、地名以及各个事件的年代等；从抽象层面理解历史时，我们则聚焦这些事件的前因后果和关联性。

别让历史学习停留在“死记硬背”上

历史学习如果仅仅停留在背诵人名、地名和年代这个层面，就如同做饭时只忙于采购食材却压根不进行烹饪，任由食材腐烂。这实在令人惋惜。“背诵”只是一个开始，真正的挑战在于以此为出发点，取得更多实际的收获。只有这样，历史学习才会从“单纯了解过去”转变为“对现在和未来有用的学习”。

从抽象层面学习历史能够给我们的生活带来什么样的启发呢?

步入社会后，我们难免需要应对工作和日常生活中的挑战。从具体层面看，很多问题看似零散、杂乱，但经过抽象化分析以后，你会惊讶地发现，它们的本质其实是由几个基本问题组合而成的。

例如：

· 是接受新事物，还是尊重传统?

· 是应该在封闭的小群体中解决问题，还是应该在包括其他群体在内的开放环境中解决问题? 例如，一个国家是否应该接受移民? 公司应该仅在内部开发新技术和产品，还是应该与其他公司共同开发?

· 是应该重视理想，还是应该重视现实（例如选择工作时）?

· 在确定小组的活动方案时，是应该以少数几个人（例如优秀且有领导能力的人）为中心来设计，还是应该让每个人都有发挥的机会?

通过将遇到的问题抽象化，我们可以从历史事件中学习到很多前人的经验。

也许有人会这样认为：过去和现在情况不同，所以过去的经验不能简单地作为现在的参考。但这实际上还是视角的问题。

确实，过去的人与我们穿着不同，也没有智能手机和飞机等高科技产品。可这些区别只不过是具体层面的事，**如果能提高视角的抽象度，我们便会发现不同的历史事件其实在结构上是相似的。**

之所以如此，是因为即使过了百年甚至千年，人类的本性，如求生欲、对家人的保护欲、想改善生活的欲望等也不会发生太大的变化。

能否在历史中真正学到东西，取决于能否有效地通过具体与抽象这两个层面去看待历史。

当然，这两种学习方式并不是完全独立的，而是像菜肴与食材一样密切相连。

不过，就学校的历史课程而言，很多人光是背诵必考的知识点（具体层面的学习）就已经不堪重负，更别提将其转化为抽象层面的学习了。即使在进入社会以后，许多人对历史课的印象依然停留在“学历史就等于疯狂背诵”上。

既然已经通过“疯狂背诵”的方式获得了大量“食材”，那么，与其让这些食材腐烂，不如试着“烹饪”一下（将其转化为抽象概念后再具体化）。我相信，亲手做出来的“美味佳肴”一定会令你心满意足。

无聊的老故事也能换新颜？

有时候，你会听到大人聊起自己的过去。那些事情多半离你的生活很远，听上去也很无聊。可是经过刚刚的讨论，你或许会发现，那些老故事似乎也能变得有意思。

“还是过去好”“现在的年轻人啊，就是娇生惯养”……

如果只从具体层面看待这些话，那它们就只是单纯的抱怨。然而，当我们**从另一种视角思考它们与其他故事是否有相似之处**时，那些老故事就会成为宝贵的“人生真题”，成为你的思想财富。

先抓整体是诀窍

在“为什么要做历年真题？”这一小节，我们聊过“做真题”的两个层面，即具体层面与抽象层面。我们得出了这样一个结论：应试的秘诀就是抓整体，从抽象层面制定策略。

这种方法不仅适用于你即将面临的考试，在你进入大学甚至进入社会以后也同样适用。

现在我们聊聊应试策略吧。我们先回顾一下具体与抽象两种视角的区别。你可以参考图 3–3。在考试中，处理每一道考题是具体视角，而考虑试卷整体的倾向、制定全局策略则是抽象视角。

具体到“做真题”这件事上，“不考虑时间，逐个解决每道题”是具体层面的策略，而“根据题目的难度和所需时间来确定优先级与时间分配”就是抽象层面的策略。

你会发现，即便考试时能解开某几道题，你也不一定能提高最终所得的总分数。这很好地说明了“抓整体”的重要性。当然，这项原则并不仅仅适用于备考。在这一小节中，我会介绍一些其他场景，解释为什么我们需要学会“抓整体”。

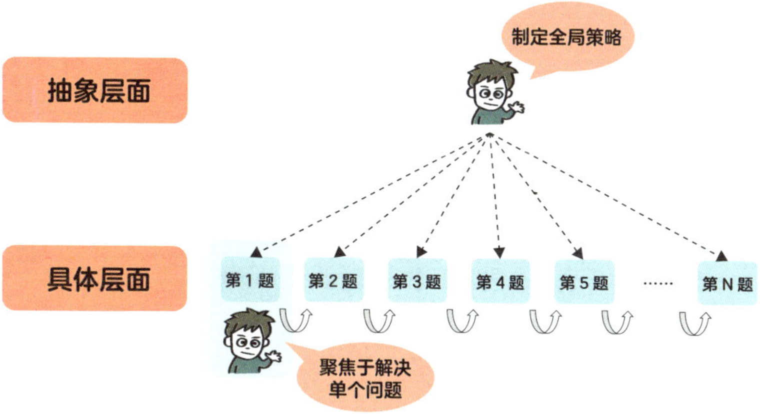

图 3-3

体育赛事也需要整体策略

先来看看体育领域。按照我们刚才的思路，每一场比赛都属于具体层面，而许多场比赛累积下来的整体成绩则属于抽象层面。

通常，在单场比赛中表现出色的个人或团体，往往综合成绩也很优异。但在某些情况下——例如参赛选手必须在有限时间内完成多场比赛，那么他们会因疲劳而无法发挥出最好水平——选手就需要考虑优先级，适当节省体力，将精力集中在更重要的比赛上，这样才能最大限度地提升整体成绩。

棒球赛就会出现短期内连续举行多局比赛的情况，类似于“世界杯”足球赛，在预选赛结束后就紧跟着进行淘汰赛。在这种情况下，最佳阵容不可能每局都上场，所以教练必须提前考虑到这一点，纵观全局，制定整体策略，让队伍取得最佳成绩。

从这个角度来看，体育与考试在抽象层面有相似之处，对二者的应对思路也可以相互借鉴。

我们常常看到，有些队伍中，每个队员的成绩都不算顶尖，但队伍的综合得分反而很高，这便是背后的原因。

这恰恰体现了在抽象层面制定整体策略的意义。

抽象层面与具体层面在观察对象和观察方法上有所不同。表 3-1 是对两者进行的比较。

表 3-1

具体层面	抽象层面
· 逐一处理每个问题	· 总结整体情况
· 不关注其他事物	· 观察事物之间的联系和关系
· 对眼前的任务全力以赴	· 设定优先级，进行轻重缓急的调整
· 从头到尾完成所有任务	· 只处理选定的任务

当然，我们的确需要在具体层面对问题进行相应的处理；同时，我们也要聚焦抽象层面制定整体策略。这种理念在以下领域中显得尤为重要。

· 围棋或象棋等对战型游戏（例如在某一局中使用自己擅长的战术控制局势等）。

· 战争或战斗（决定在各个战场分别投入多少武器和兵力）。

抽象层面的思考指的是“通过观察整体，确定优先级，尽可能提高综合成绩，以达到以弱胜强的目标”。这正是教练在体育赛事中的职责所在。

你知道“田忌赛马”这个历史故事吗？这个故事完美地体现了整体策略的重要性。**如何制定整体策略，战胜那些个体实力更强的对手，考验的正是我们在抽象层面的思考能力。**

如果进一步拓宽视角，提升思维的抽象度，我们就会发现：我们完全可以**先选择“参加哪场比赛”（抽象层面），然后再考虑“如何获胜”（具体层面）。**

但在现实中，我们有时会因为过于关注“如何获胜”，而忽视了

“选择适合自己的比赛”。其实，比起制胜秘诀，找到自己胜算更大的赛事才是最重要的。

“先抓整体”在人生规划上也能发挥大作用

将前文的话题进一步发散，你关心的“进入哪个国家或地区的哪所大学”“在那里选择什么专业，如何学习”“选择什么职业，进入哪个行业或公司”“在工作岗位上如何表现得更好”等问题也可以从抽象层面去思考。

整体方向（比如去哪个国家或地区深造）是一切的基础，可很多人却盲目跟随大众的选择，忽略了自己内心的声音。

尤其是在规划人生时，我们更需要从整体上进行思考。

我们来进一步说明：在具体层面，我们需要全力以赴地争取每一场胜利，而在抽象层面则要考虑“在哪些方面可以稍微放松一点儿”这类问题。也就是说，从抽象层面思考的关键在于识别“哪些比赛应该放弃”或者“哪些问题可以先不考虑”。

吃自助餐时的取餐策略

我们来举一个更贴近生活的例子。

你去过那种需要排队取餐的自助餐厅吗？取餐时，你把想吃的食物放进自己的托盘，然后跟着队伍往前走就可以了。

在这种餐厅里，如果你见什么拿什么，托盘很快就会装满，遇到真正想吃的东西时就放不下了。反之，如果总想着“前面说不定还有更好吃的东西”，你就容易空着手走到收银台，最后只好匆忙返回开头处重新排队。

这与“考试时，因弄错解题顺序或时间分配不当而没有完成题目”的情况类似。如果先环视所有的菜品，决定托盘空间如何分配，你就能做到取餐时心中有数，避免手忙脚乱或者重新排队。

烤肉店里也会出现类似的情况，比如你没有安排好米饭和烤肉的空间分配，就可能导致米饭吃完了，配饭的烤肉还剩不少。这就是“进食节奏和顺序”出了问题。

以上这些例子告诉我们，从抽象层面思考，就是从全局角度考虑“平衡”和“顺序”，以高效利用有限的时间。

为什么要用“x”和“y”把问题弄得这么复杂？

让我们进一步考虑“具体与抽象”和学校各个科目有什么关系吧。先说数学这门科目，因为它最适合用“抽象”来形容。

在数学中，我们常常使用像“x”或“y”这样的符号来表示未知数：在小学阶段，我们会遇到“鸡兔同笼”“牛吃草”这样的问题；到中学阶段，“x”和“y”等符号开始频繁出现在方程式里；到了高中，数学课上就几乎到处都是“x”和“y”了。

由于这些符号在日常生活中很少用到，所以一些同学可能会对数学感到困惑、反感，或者难以理解。

至于其他学科，你会经常听到大家谈论历史和地理，而英语和语文等语言类学科则是沟通交流的必要工具。物理、化学和生物出现的频率虽然比不上历史、语文等，但它们也会时不时出现在相关新闻里。

相较之下，“x”和“y”并不常见。离开学校以后，我们与家人、朋友对话时几乎用不到它们，在电视和网络上也很少见到。

将抽象化发挥至极致的科学：数学

数学还有个麻烦的特性：一旦你在某个阶段没有听懂，后面就很难再跟上进度了。相比之下，地理或历史课，即便你听课时不小心睡着了，那么漏听的内容通常也能在后面几节课上补回来。同样，像英语或生物这种以扩充知识面（金字塔的横向发展）为主要目标的科目，每个单元都可以分开学习。

数学为什么如此“特立独行”呢？这是因为它需要你逐步提高抽象程度，拾级而上（金字塔的纵向提升）。但凡哪一步走得不顺利，后面就会很困难。

现在说回“x”和“y”。

抽象化的过程，就是将“昨天吃的、从附近超市买来的红玉苹果”和“上周吃的、亲戚送来的富士苹果”归纳成“苹果”；将苹果、橘子、西瓜、蜜瓜等统称为“水果”；将水果和蔬菜、肉类统称为“食品”；将食品、水、衣服进一步统称为“生活必需品”……最终将这些物品统统归纳为“物品”或“物质”。我们可以用这种方式对地球上（甚至地球外）的所有事物进行抽象化归纳。

那么，数学中的方程式，比如“y=2x”这个等式，它的意思是“y”是“x”的两倍。无论是苹果还是书籍，都可以代入这个等式中。这个等式可以用来表示世间万物。

也就是说，它就是极致的抽象化。

反过来说，**正是因为这些符号脱离现实，我们才能够用它们来指代现实中的一切。**这就是数学的力量所在，同时也体现了数学作为一种高度抽象化的科目的意义。

动物与人类在表达能力上的差异

可能还是会有人觉得奇怪："为什么要特意使用像'x'和'y'这种无聊的符号呢？"

为了理解这一点，我们不妨换位思考，站在那些不擅长抽象化的动物的角度，去思考人类使用的词汇在它们眼中的样子。

以上文提到的苹果为例。对于生活在具体世界中的动物来说，昨天吃的苹果和上周吃的苹果可能是完全不同的东西，所以它们自然会质疑："'苹果'这个词有什么用呢？"

我们该如何反驳动物的这种观点呢？

我们可以这么说："如果不用'苹果'这个词，那就得一个一个地描述昨天吃的那个苹果、现在从冰箱里拿出来的这个苹果，表达起来太麻烦了。"或者说："有了这个词以后，我们不仅能谈论曾经吃过的苹果，还可以描述'明天去买苹果'之类的未来的计划。"通过这样的方法，我们就能解释"苹果"这个词的重要性了。

同理，我们需要用"x""y"来概括苹果等世间万物，只不过抽象程度提升了几个层次。动物无法理解"苹果"这个抽象概念，所以它们只能在具体层面进行表达；一部分人无法理解"x""y"的存在意义，这同样导致他们的表达能力受限。（如图 3-4 所示）

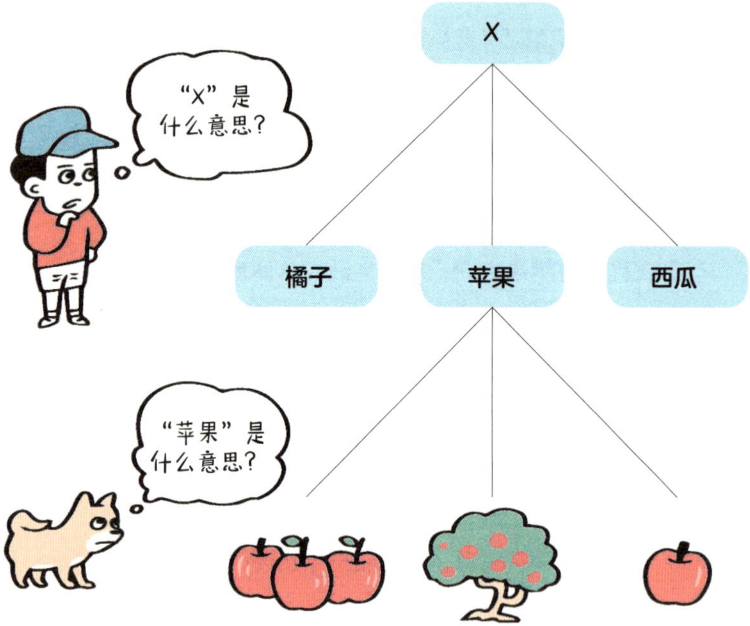

图 3-4

我们从小学进入中学，再到高中、大学，学习的难度逐渐提升，比如学习的内容越来越难以理解。这是因为，从某种角度来说，我们学习的知识变得越来越抽象。不过，这种变化也能给我们带来好处——抽象意味着范围更广，**我们所学到的知识可以应用到更多地方。**

例如，通过使用“x”和“y”，我们能够与全世界的人进行交流。

即使语言不通，数学家们也可以通过数学公式在一定程度上进行沟通。

抽象度的差异存在于各个科目之间，有些科目以“横向要素”为主，有些则以“纵向要素”为主。随着学习的深入，我们既需要掌握更多知识，同时也要提升抽象化能力。

有人把“高中与大学的区别”描述为“**数学变成了哲学，物理变成了数学，化学变成了物理，生物变成了化学**”。这种说法其实也是在讲高中与大学所学知识的抽象度的差异。

是先学语法，还是先说话？

“具体与抽象”与学校里的科目有什么关系呢？我们来看一看。

我们在前文中已经讨论了数学这门科目，接下来再聊聊语文和英语这些语言类科目。

你是如何学习英语、文言文等语言的呢？比如英语，我想大多数人都要先经历记单词、学语法的过程，然后才能表达。

但是你有没有想过，为什么我们上幼儿园之前就会说汉语了呢？当然，在认识字词方面，你需要向家人询问“这是什么”“那是什么”，从而一一记住。那么，汉语的语法，你又是怎么学习的呢？

恐怕没有哪个孩子是先学语法再说话的吧？虽然你可能会学到“主谓宾结构”或者“‘的、地、得’的用法”等语文知识，可是在学习这些以前，你就已经能够在生活中正确使用汉语了。

如果碰见一个外国人对着笔记本背诵“一只狗、一棵树、一杯水”，你会不会觉得很怪？因为这些量词与名词的搭配，“明明说着说着自然就会了呀”。

回想我们学习英语的过程，你会发现步骤恰恰相反。让你感到头疼的“定语从句”，美国和英国的孩子们或许听都没听过。

对于这两种学习方式的不同，我们可以用“具体与抽象”来理解。

语法是从多个例句中总结出的一般性规则，因此语法是抽象的，而例句是具体的。

也就是说，我们学习语言的方法大致可以分为两种（如图 3-5 所示），一种是从具体入手（先说话，就像幼儿学习母语），另一种则是从抽象入手（先学语法，就像成年人学习外语）。

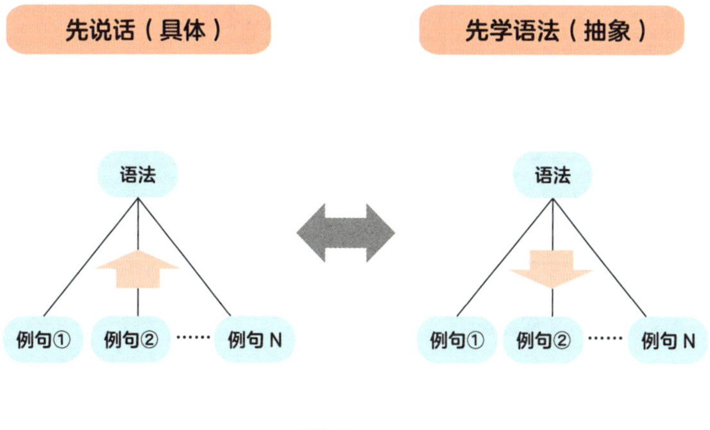

图 3-5

从小学、初中到高中，我们学习的内容越来越抽象，能够处理的抽象概念也越来越多，思维方式逐渐接近成年人。

通过抽象化减轻背诵的负担

只要掌握一条抽象的语法规则，我们就可以创造出无数个具体的例句，而不必花大量精力去记忆。成年人为了减轻背诵负担，就会采取这种方式来提高学习效率。

孩子的记忆力通常比成年人好，但孩子并不擅长处理抽象概念（这一点更为关键），所以才需要从具体的例子开始学习。

学习汉语同样如此。我们学习现代汉语时，“后学语法”是常态，因为生活中到处都是例句。但在学习文言文时，由于平时接触实际例子的机会非常少，因而“先学语法”可能会更容易且有效。

不过在学习过程中，我们很容易陷入一个思维陷阱：意识到抽象化可以显著减轻学习负担以后，有些人就无法再接受“单纯死记硬背”的学习方式了。的确，抽象化能帮助我们更高效地学习，但也可能导致我们忽视背诵的重要性。

像汉字和英语单词这样最基本的知识，有时还是需要通过背诵才能掌握的。从某种角度来说，没有完全习惯抽象化思维，就意味着我们的思维尚未定型，还存在可塑的空间。这其实也是一种优势。希望你能客观地看待“死记硬背”这种方法，灵活地加以运用，并根据具体的学习情境找到最佳学习方法。

学习新知识之前，你可以先问自己一个问题：是先抽象，还是先具体？

除了语言学习，试着想一想这种视角在其他方面该如何应用，又有何优缺点吧。

立体地看待文章与对话

到目前为止，我们已经讨论了“具体与抽象”的区别以及几个实际例子，不过，也许有些读者还是无法很好地理解这些内容与我们的日常生活的关联，或者认为我们只需要在学习或读书等特定情境中关注这些内容就足够了。但实际上，“具体与抽象”就如同空气一样，存在于我们生活中的方方面面。

不管是在与他人对话、阅读书籍时，还是发消息、使用数字时，我们都在无意识地运用着“具体与抽象”。正因如此，“哪怕只是意识到‘具体与抽象’的存在，我们就能彻底改变自己的日常生活”这样的说法毫不夸张。

尽管这种思维方式如此重要，但在日常生活中，我们就像会忽视空气一样，很难意识到它的存在。如果不知道空气的存在，我们的生活不会受到影响；但如果不知道“具体与抽象”，我们头脑中的世界就会缺失重要的一部分。

前文提到，语言是抽象化思维的代表性产物，而其中的词句等又能形成对话与文章。

对话和文章在本质上都是通过组合词和句子等来实现与他人的沟通。相较之下，文章的结构更清晰、明确，因此，我们选择用它来讨论怎么才能看见无形的“具体与抽象”。

“立体”是什么意思？

在第 62 页的“‘具体与抽象’是高层金字塔”一节中，我们提到具体与抽象的关系就像高层金字塔一样，其结构越往上，越趋于狭窄。

实际上，我们平时看到的文章也像金字塔一样是立体的。

你可能会觉得奇怪：课本中的文章写在纸上，网上的文章显示在屏幕里，好像都是扁平的呀。的确，如果文章在物理上变成了立体的，那书就变成了“立体书”，书店和图书馆就很难将书本整齐地摆放在书架上了。

这里所说的“立体”是一种比喻，就像“具体与抽象”金字塔指的是无形的结构。如果拥有“立体”的视角，你就能写出更易于理解且有说服力的文章。

立体结构意味着文章内部要有层次，有“上升”（抽象化）和“下降”（具体化）的空间。那么，一篇文章如何才能在具体与抽象之间往返呢？这就要说到各种连词了。

Q 请思考下面的词在文中是用于“上升”（抽象化）还是用于“下降”（具体化）。

- **总之**
- **例如**
- **一句话说就是**
- **举个例子**
- **具体而言**
- **综上所述**

我想你已经知道答案了，不过还是给个小提示吧：具体和抽象的关系如图 3-6 所示，抽象化是将多个具体事物汇总起来，而具体化则是从一个事物中引出多个事物。

这样一来，这个问题的答案就很明显了。

具体化的词有：“例如”“举个例子”“具体而言”。

抽象化的词有：“总之”“一句话说就是”“综上所述”。

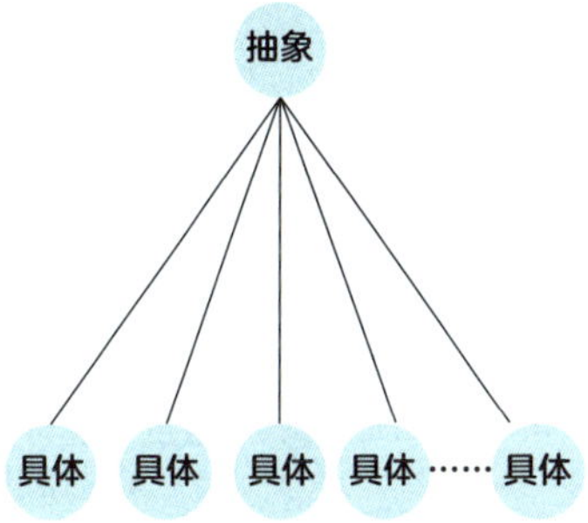

图 3-6

由于抽象化是从多个事物中总结出一个结论（复杂事物简单化），而具体化则是从一个概念中发展出多个具体例子（当然也可以只举一个例子作为代表），所以，在“总之”“例如”这些词的前后，内容的抽象程度会相应地上升或下降。

借助这些连词来解读文章，我们会惊奇地发现，那些原本看上去像线段一样平铺直叙的文章，实则能表现出一定的结构，给人以立体感。

哪怕是在学术论文或新闻评论等篇幅较长的文章中，作者也会将自己想要表达的主旨进行抽象化，尽可能写得简短而具有概括性。而为了让读者能够更深入、透彻地理解自己的意图，作者往往又会使用各种具体例子来详细解释和说明。

可以说，语文学习的目的，尤其是长文阅读理解的目的，就是找到那些看似一条直线的文章背后所蕴藏的立体结构。

平面文章的结构

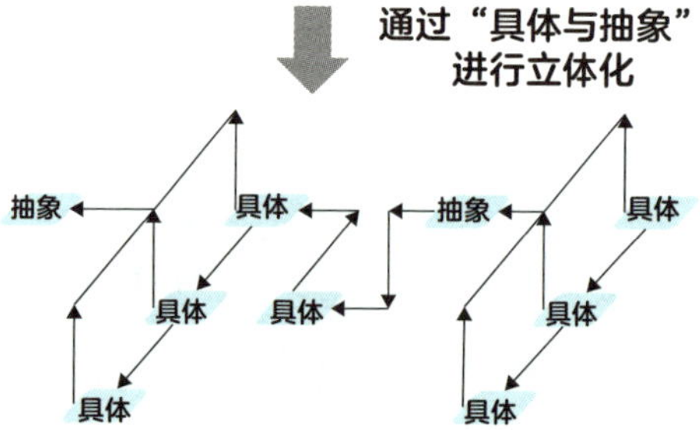

立体文章的结构

在阅读文章时，你不妨展开想象，假设自己正在高低起伏的道路上慢跑，**并在这个过程中留意自己的“位置”是在“上升”还是在“下降”。以这种视角去审视文章时，你一定会对文章有全新的看法。**

同样的道理也适用于我们日常生活中的对话。在第 4 章，我们会聊聊与人际沟通相关的内容。

谚语为什么会存在？

让我们继续思考“具体与抽象”和学习之间的关系吧。

提起谚语，大家会想起什么呢？

· 时间就是金钱

· 欲速则不达

· 天下没有免费的午餐

在语文课上，大家可能学过几十句甚至上百句这样的谚语。一般而言，谚语的特点是：

· 适用于所有人的生活经验

· 以相对简练的语言来表达

这两个特点能让我们联想到什么呢？

没错，“适用于所有人”和“简练”正是“具体与抽象”中“抽象”的特点。换句话说，**谚语是对某类经验、教训的抽象化。**

比如，我们来看看“欲速则不达”这句谚语。

它出自《论语·子路》：“无欲速，无见小利。欲速则不达，见小利则大事不成。”这本是孔子劝诫弟子的话，后人将其中的“欲速则不达”提炼出来，用以表达“做事急于求成，反而不能达到目的”的意思。

我们可以将谚语的形成过程总结为图 3–7。

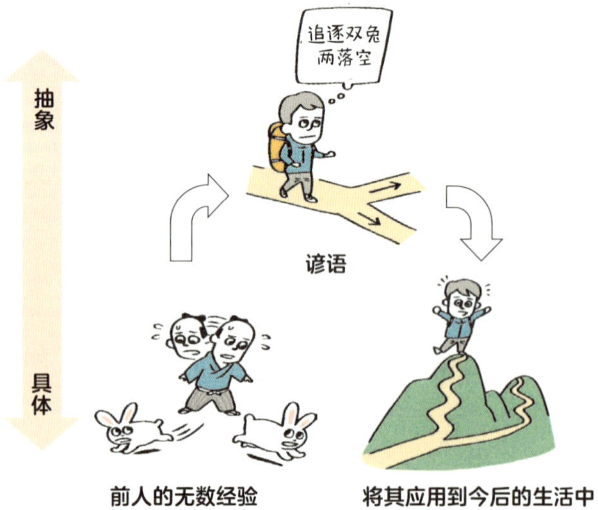

图 3–7

你会发现，类似图 3–7 的结构已在本书中出现过很多次了。人们通过许多事件总结出经验、教训，并将其应用到今后的生活中——谚语的形成也是抽象化和具体化的过程。

谚语是一种抽象化的表达。它就像一个“数据库”，包含了无数前人的智慧。每个人都可以通过谚语自由调用前人的经验。

本来，学习的过程包括了前期的试错和后期的应用，但得益于谚语的帮助，**我们可以省去前期的试错工作，极大地提高学习效率。**

不过需要注意的是，谚语又大致分为两种类型。

Q 你知道下面两组谚语的区别吗？

第一组：

三思而后行

知人知面不知心

病由心生

第二组：

车到山前必有路

捡了芝麻，丢了西瓜

三个臭皮匠，赛过诸葛亮

你可能感觉到了某种不同，但难以用语言表达出来。这里有两个提示：这些谚语是否可以直接应用到自己的生活中？这些谚语能否画出来？

进一步提示：在两组谚语中，哪组的表达更加具体？哪组的表达更倾向于抽象？

第二组谚语描述的内容更贴近生活中实际存在的物体。

“车、山、路”“芝麻、西瓜”以及“臭皮匠”等都可以直接画出来，和我们所处的具体境况也没有直接关系。也就是说，这些表达是“具体的”。

反之，第一组的表达则涉及“思考”“知（道）”“身体状况（如疾病）”等看不见、摸不着的动作或人的身心状态，因而更加抽象。

说到这里，我们可以将这两组谚语的区别总结在图 3-8 中。

在传递的信息上，两组谚语都具有抽象性和普遍性，但表达方式有所不同：第一组用抽象的语言表达，而第二组用具体的语言表达。

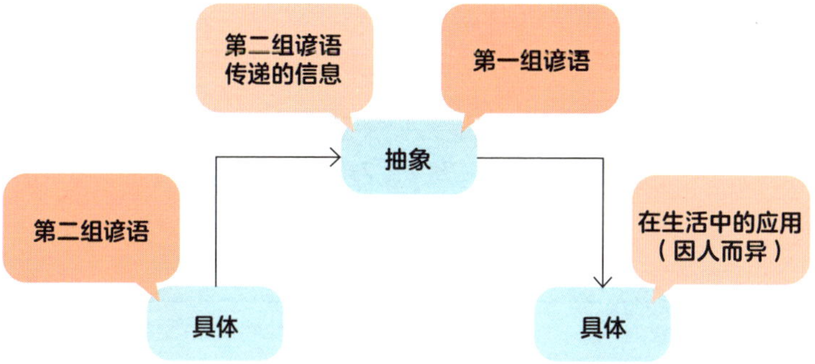

图 3-8

谚语是方便的“速冻食品”

谚语有两种，一种表达得较为具体，另一种表达得较为抽象。**对抽象的谚语，我们需要将其具体化，然后再应用到自己的生活中。对那些具体的谚语，我们则需要先从中提取出抽象信息（经验、教训），再将其应用到自己的生活中。**

从这个角度来看，谚语是不是有点儿像“速冻食品”呢？除了谚语，冷冻在“冰箱”里的还有前人得出的很多智慧成果。我们在遇到困难时，只需取出并“解冻”（抽象化或具体化）一下，就能轻松享用这些智慧成果。

当然，新鲜的食物更有营养，同样，由亲身经历得出的经验、教训也往往更深刻。但我们的时间和精力都是有限的，为了少走弯路，善用前人留下的智慧宝库显然是更加“方便实惠”的选择。

绘画中的“具体与抽象”

其实，不只是各类知识性学科，美术课也可以用“具体与抽象”来解读。先来看看图 3–9 中的两幅画吧。

（a）　　　　　　　　（b）

图 3–9

根据之前我们提到的“具体与抽象”的定义，你应该可以轻松地判断出哪幅画是具体的，哪幅画是抽象的。

没错，（a）更具体，（b）更抽象。

Q 在像绘画这样的艺术领域中，具体与抽象有什么不同呢？让我们试着比较一下。请回答以下问题。

1.哪幅画更“真实”（接近现实）？

2.哪幅画更复杂，包含的信息量更大？

3.哪幅画的解读角度更多元？

让我们依次思考这三个问题。

从艺术的角度来看，具象画（绘画领域术语，“具象”与“具体”的含义基本相同）与抽象画之间的差异，本身就是一个可以深入研究的复杂主题，这里我们仅从本书中的“具体与抽象的区别”这一视角进行分析。

即便在绘画领域，区分具体与抽象的标准也是不变的。

先看第1个问题：**哪幅画更“真实”（接近现实）？**

这个问题很容易回答。（b）中有许多现实中并不存在的几何图形，配色也并不常见，因此整体呈现出一种非现实的感觉。

相比之下，（a）则尽可能地还原了现实，无论是人物还是自然景观，都更接近真实世界。

接着来看第 2 个问题：**哪幅画更复杂，包含的信息量更大？**

这里的“信息量”指的是线条和颜色的数量等，其决定着画的内容是否丰富、多彩。这个问题的答案也很明显，（a）更复杂，包含的信息量更多，显然绘制这幅画需要花费大量时间。

最后看第 3 个问题：**哪幅画的解读角度更多元？**

“解读角度更多元”，简单来说，就是当被问到“这是一幅什么样的画”时，人们给出的回答有多大差异，或者评价是否趋于两极化。

听完以上对题面的解释，我想大多数人都会选择（b）吧。其实，这个问题也可以换种问法：哪幅画更难理解？

我们经常听人说“抽象画很难懂”，但觉得“具象画很难懂”的人却很少。

（a）是现实主义代表画家让 – 弗朗索瓦 · 米勒的作品，是现实主义的代表作；而（b）则是抽象艺术创始人之一瓦西里 · 康定斯基的作品。

看完对上述问题的讨论，我们可以总结出（a）（b）这两幅画作的不同点（见表 3–2）。

表 3-2

（a）（具象画）	（b）（抽象画）
·真实再现描绘对象 ·复杂且信息量大 ·解读的自由度较低	·对描绘对象进行变形后再加以表达 ·简单且信息量少 ·解读的自由度较高

你会发现，前两种差异几乎和“具体”与“抽象”在表现形式上的区别完全一致。

“变形”——提取出想强调的特征，并夸张地表现出来——是抽象画中尤其常见的一种手法，而抽象化的精髓也是如此。抽象化的目的，就是通过变形，更简洁地表达出我们想要传递的信息。

信息量少 ≠ 制作简单

将信息简化后，信息量也会相应减少。如果表达方式得当，抽象的信息往往比具体的信息更精准、明确。然而，其中也会产生一个现象：抽象的信息可供解读的角度很多，对某些人来说可能更难以理解，甚至造成误会。

另外，具象画的信息量大，制作时间也较长，但这并不意味着抽象画的制作就一定更简单或速度更快。

创作抽象作品并非简单地描绘某物，而是**必须从中提取某种要素，并构建出新的形式**。因此可以说，所有的抽象化工作都需要**经历高难度的思维过程**。

一般来说，创造具体的事物时，信息量越大，所耗费的时间和精力就越多。而创造抽象的事物时，越是追求极致的简洁，就越需要高水平的思维能力。

只要回想一下油画中的肖像画（更具体），以及电脑、手机应用中的“头像”（更抽象），我们就会发现，选择什么样的表现方式，取决于我们想要传递什么信息。

进一步说，其实“绘画”这种艺术形式本身就是抽象化的产物。无论一幅画多么写实，它都只是对部分自然现象的截取和表现。一个显而易见的例证就是：自然是三维的，而绘画通常是二维的。

因此，绘画中并不存在绝对的“具体”和“抽象”，所有作品都处于两者之间的一个“灰度”范围内。这一点与我们在第 1 章所讨论的内容相呼应。

本章总结

本章介绍了“具体与抽象”的思维方式同“学习”这件事的紧密联系。

掌握“具体与抽象”的思维方式，就相当于我们为自己的大脑安装了一种适用于学习任何学科的思维方式（正如第 120 页“先抓整体是诀窍”一节所论述的那样）。无论是学习语文、数学、英语，还是学习物理、化学、政治、历史，甚至是学习体育、美术以及参加课外活动，“具体与抽象”都是基本核心，这一点毫不夸张。

在接下来的第 4 章，我们将探讨在日常生活中如何通过“具体与抽象”的思维方式，更好地与周围的人进行沟通。

第 4 章

如何在沟通中活用“具体与抽象”？

在前几章中，我们主要讨论了“‘具体与抽象’是什么”，以及理解这个概念对我们的学习和生活有什么益处。

然而，作为人类最强大的思维方式之一，“具体与抽象”也有缺点。

你听说过“双刃剑”这个词吗？它指的是那些既方便好用，又潜藏着缺点或危险的事物。比如，人类创造的各种工具和科学技术，都是有利有弊的。“具体与抽象”同样如此。

那么，“具体与抽象”隐藏的缺点是什么？我们又该如何应对呢？这就是本章要解答的问题。

本章的主题是“人际沟通”。让我们一起来看看“具体与抽象”在人际沟通中的具体表现及其背后的原理吧！

沟通中的“双层结构”

通过前面的探讨，我们已经明白：“具体与抽象”这一思维方式能帮助我们进行高效的沟通。然而，“具体与抽象”就如同一把“双刃剑”，也存在着弊端。

每个人的头脑中都有一座金字塔结构的“摩天大楼”，可很多人并未意识到这一点。这导致了极为常见且严重的后果：沟通的错位。比如，一个人站在一楼说话，而另一个人站在十楼回应，但双方都误以为彼此身处同一楼层，所以沟通起来会异常吃力（双方可能都意识不到沟通出现了问题）。

如果通过社交媒体或网络平台进行对话，这种情况就更常见了。明明一方想表达的是这个意思，另一方却理解成了另一个意思，矛盾和争端就这样产生了。

理解了“具体与抽象”，我们就能更好地应对日常沟通中出现的问题。

“沟通”，也就是我们利用话语、手势等，向他人（有时甚至是动物、植物或玩偶）传递信息，或是从他人那里接收信息的过程。

我们的生活离不开沟通。除非在荒岛上独自生活，否则我们几乎每天都需要和家人、朋友、老师、店员等人进行沟通。不管是在线上还是线下，人与人之间的所有对话和“你来我往”的过程，都可以称为“沟通”。

你可能没有意识到，其实“具体与抽象”就藏在我们的每一次沟通中。

你真正想传达的信息

我们曾经说过，“具体与抽象”是一座金字塔，它的颜色并不是“非黑即白”，即没有明确的界线。

但为了方便讨论，我们还是将这座金字塔简单地分为“具体端”和“抽象端”，类似一栋“双层建筑”的上下两端。每个人思考的角度不一样，就像各自站在高度不同的台阶上。

请你回想一下，生活中的沟通是什么样的呢？

你会发现，**沟通的目的是将某些信息传达给对方，并希望对方能做出某种回应**（即使是沉默，也算一种回应）。

沟通中的“具体与抽象”究竟指的是什么呢？

根据“具体”与“抽象”的定义，“具体”指的是可以通过五官感知的事物。也就是说，在沟通中，能通过嘴巴说出来（耳朵可以听到的）的，或者能用文字写出来（眼睛可以看到的）的话语就是“具体”的。

也许你会感到奇怪：这些不就是沟通的全部了吗？如果这些是“具体”，那什么是“抽象”？

其实，**通过这些具体的表达方式所传递出来的，才是我们真正想要表达的信息，或者说我们的真实意图和目的。**而信息、意图和目的都是抽象的。

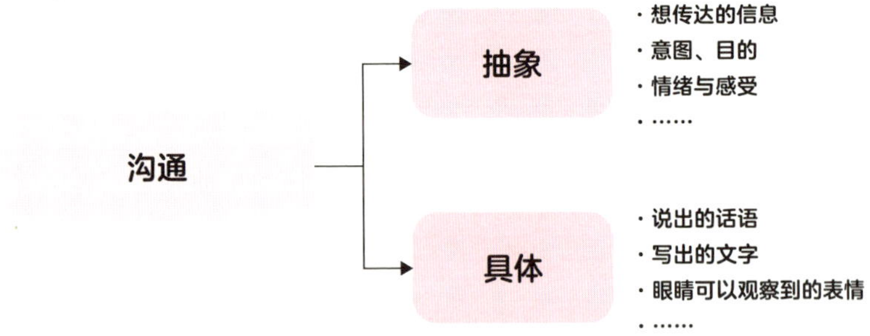

这里列举一个“通过具体故事来表达抽象信息”的典型例子。

你应该参加过课堂展示或演讲比赛吧？为了展现“友谊的美好”，你会讲述自己曾经的一段经历。比如，离开待了六年的小学，走进陌生的初中，你感到紧张又害怕。多亏了那位同学主动来和你搭话，你才终于安下心来。

这段回忆是具体的，而“友谊的美好”是抽象的。

同理，电影和漫画作品之所以能让我们感动，不仅仅是因为具体的情节吸引人，更是因为我们与贯穿整个故事的“精神内核”产生了共鸣。

电影和漫画作品中的“精神内核”，与“友谊的美好”一样，都是类似于“不要轻言放弃”或者“人生需要艺术的滋养”的简洁明了的思想观点。它们无色无味，没有形态，属于抽象的概念。它们在某种程度上和谚语很相似。

换句话说，对于创作者而言，**具体的故事情节往往是为了传达那些高度抽象的信息而存在的。**

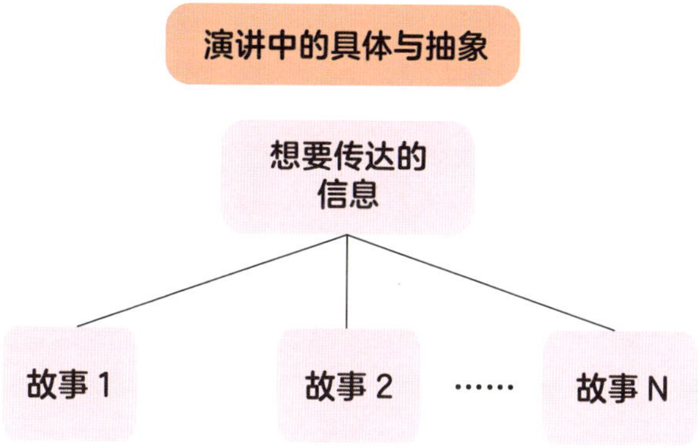

为了进行有效沟通，我们需要对想要传达的内容进行具体说明。

反过来说，我们听别人说话时，不仅要听懂对方话语所传达的具体信息，还要精准地解读这些具体信息中蕴藏的抽象信息。对于一次成功的沟通而言，具体信息与抽象信息都至关重要。

除了人与人之间的沟通，这个道理还适用于其他方面。比如，在看电影或阅读书籍的时候，我们时而会因故事情节而心潮澎湃，时而又会因感受到情节背后的深刻思想而久久沉浸其中。

那些令人印象深刻的艺术作品能打动你，并非仅仅依靠外表。更重要的是，你会从艺术作品中捕捉到某种信息（不光是作者的创作意图，还有你基于自身状态进行的解读），而正是这些信息让你记住了它们，甚至影响你的一生。

自我介绍的秘诀

理解了“具体与抽象”，我们在日常生活中的对话和交流也会变得更加顺畅。

假设你离开家乡，来到了一所新学校。这所学校的学生来自不同地区，彼此之间几乎都不熟悉。

于是，老师安排大家依次进行30秒的自我介绍。

Q 你会如何向初次见面的同学介绍自己呢？请花1分钟时间思考一下。

自我介绍的方式有很多，聊聊自己的兴趣爱好或喜欢的事物是比较常见的一种。比如：

· 我的兴趣是听音乐

· 周末我会玩游戏

· 我喜欢的作家是东野圭吾

接下来，我们将看到几组不同的自我介绍。作为一名听众，以下三组中的 A 和 B，哪一个会让你印象更深刻？

也就是说，如果你和他们有相同的喜好，在自我介绍的环节结束后，你会更愿意主动找谁交流呢？

第一组

A：我非常喜欢看动漫。

B：我最近特别迷《鬼灭之刃》。我是伊之助的超级粉丝！

第二组

A：我的兴趣是听音乐。

B：我的兴趣可能比较少见，我喜欢古典乐，尤其是贝多芬的乐曲。我几乎每天都会听《田园交响曲》。

第三组

A：我不太喜欢吃蔬菜。

B：餐厅的牛排旁边不是总配着西蓝花吗？我每次都会剩下它。

我想大多数人都会觉得这三组中 B 的自我介绍更令人印象深刻吧。如果 B 恰好与你有共同点，在自我介绍结束后，你很可能会想找这位同学聊一聊，交个朋友。

相较之下，A 的自我介绍就显得很平淡，甚至大部分人第二天就会忘记 A 说过什么内容。

那么，你觉得 A 和 B 的区别是什么呢？

A 和 B 的差异正是本书所提到的“具体”和“抽象”之间的区别。你能分辨出 A 和 B 谁更具体、谁更抽象吗？

让我们观察下方的图 4–1，想一想，“将多个具体事物概括成一个词”的是 A，还是 B ？

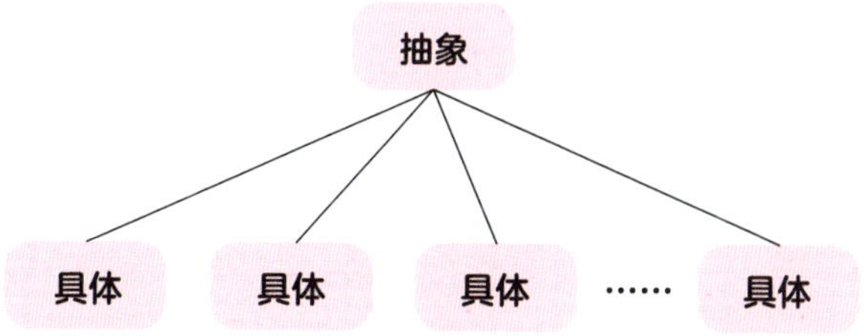

图 4–1

在这三组自我介绍中，A 提到的都是一个范围较大的类别，而 B 则给出了该类别下的一个具体例子。

例如，《鬼灭之刃》是“动漫”的一个例子，古典乐是“音乐”的一个例子，而“西蓝花”是“蔬菜”的一种。

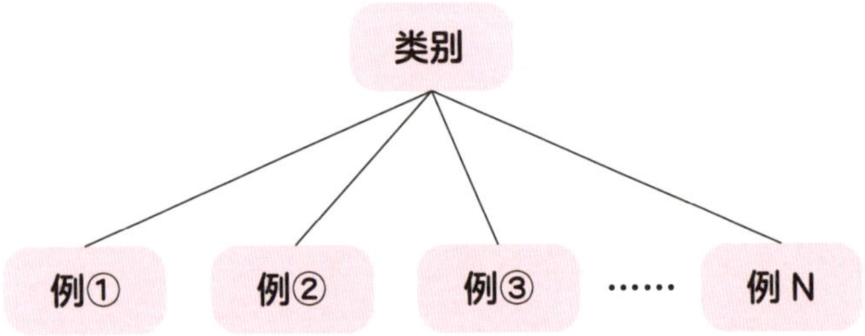

A 和 B 分别是比较抽象的表达方式和比较具体的表达方式。我们也可以换个角度，将它们的关系看作“大小关系”——这里的比较标准是哪个描述覆盖的范围更广。以前文的第二组自我介绍为例，图 4-2 展示了 A 和 B 提到的所有概念之间的关系。

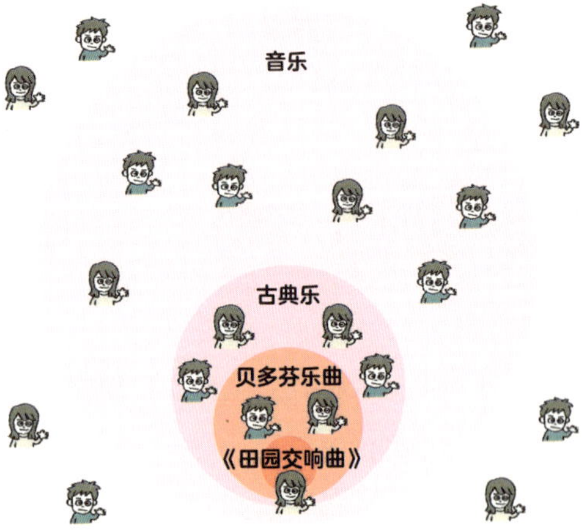

图 4-2

如果只保留图中的各个词，我们就会获得图 4–3。

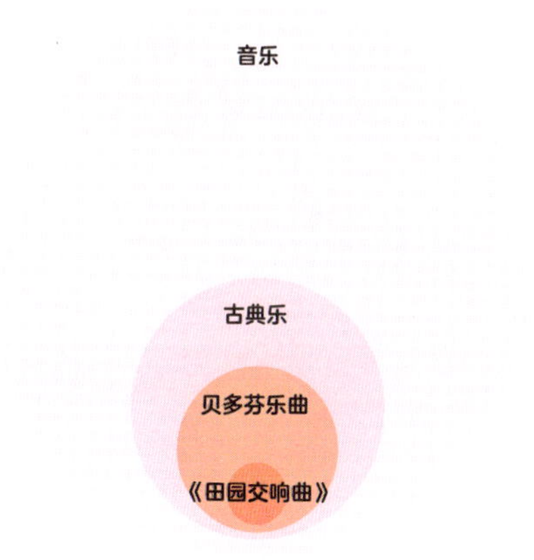

图 4–3

可以看到，抽象和具体之间的区别，其实就是“覆盖范围”的差异。如果要用示意图来表现这种特点，我们会得到图 4–4。

你会发现，这些圆圈的外框线有粗有细，每个圆圈内部的颜色也深浅不一。其中的逻辑是这样的：越具体的表达，边界就越明确，颜色就越深，也就越容易在听众脑中形成清晰的印象；而随着表达内容逐渐抽象，圆圈的边界变得模糊，内部颜色也变得越来越淡，显得含混不清。

就像之前几组自我介绍的例子，表述越抽象就越模糊，给人的印象也就越平淡、越不清晰。

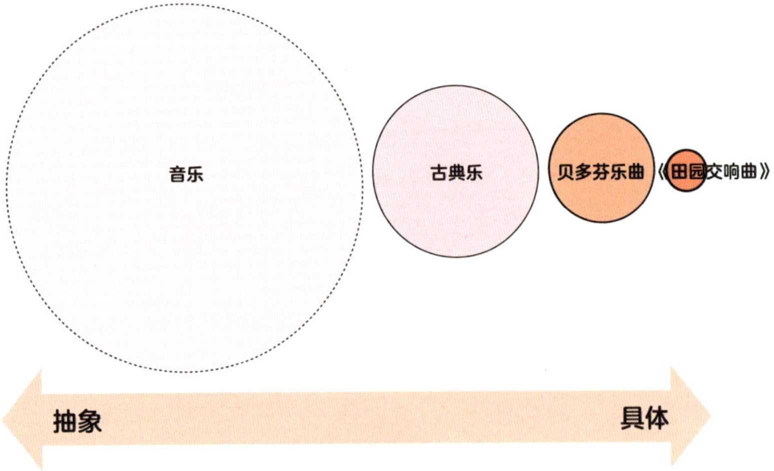

图 4-4

这种表述的差异决定了听众对你说的话是否会产生共鸣，且这种共鸣是否强烈。

例如，这里有两种情况：100 个人中只有 2 个人和你有相同的兴趣爱好；100 个人中有 50 个人（包括你）都对某件事感兴趣。哪一种情况下，你会与其他人产生更强烈的共鸣？我想应该是前者吧。

下面这个例子也是类似的情况：假如你正在浏览网络文章，以下两篇文章的标题都符合你当前的状态，你更想读哪一篇呢？

A:《致作为初中生的你》

B:《致本周即将迎来 14 岁生日的你》

A 是一个相对抽象的标题，覆盖的对象范围很广，因此显得比较模糊；B 的标题相对具体，虽然覆盖的对象范围较小，可一旦切中要害，就会给人留下更深刻的印象。

由此，我们可以得出一个结论：一般来说，网络文章的标题、社交媒体上的信息或帖子等，往往是**覆盖的人群范围越小，引发的共鸣越强**。

现在，我们知道了：具体的表达虽然覆盖的范围狭窄，但情感吸引力强；抽象的表达虽然情感吸引力较弱，但覆盖的范围广泛。我们可以把二者分别比喻为“激光笔”与“手电筒”。

“具体”和“抽象”的区别

我们需要在黑暗中寻找物品时，可以先用手电筒进行搜索。它虽然亮度稍低，但能够照亮更大的区域，找东西效率更高。等确定大致位置后，再用亮度更高、照射范围更小的激光笔，精准地聚焦你要找的目标。当然，激光笔只是一个比较极端的例子，你也可以把它理解为照射范围更小却更亮的光源。

同样，当我们需要在信息、知识或经验匮乏的情况下寻找解决方案时，**“抽象”（手电筒）可以用来照亮更广阔的区域；而当我们需要更精确的指引时，“具体”（激光笔）可以用来聚焦更小的目标。**通过使用合适的工具，我们能更快地找到自己想要的东西。

理解了这个道理，你就可以在与家人、朋友和老师沟通时加以运用了。

Q 假如你要夸奖某人，下面哪种方式会让他更高兴呢？

A：你说得可真好呀。

B：上周语文课的小组发言，你能根据内容调整自己的语速，特别厉害。

不难看出，B 的效果比 A 更好。

因为 A 较为抽象，而 B 较为具体。那么，选择什么样的表述方式才会听上去更加具体呢？我们可以回顾一下选项 B 的内容，想想这句话有怎样的特点。

- **选择只适用于当事人的表述。**
- **避开一般性的特征，重点描述某个事件。**
- **避免一句话带过，尽可能涉及更多细节。**
- **诉诸情感，而非理性。**

这些就是具体性表达的特点，也是让表述更加具体的秘诀。很多时候，你表述得越具体，就越能打动你的听众——这就是“具体”的力量。

只要把“具体”与“抽象”这对“激光笔”和“手电筒”收进口袋，你就能在沟通中灵活切换不同的表达方式，发挥它们各自的优点。

根据情况有意识地选择具体或抽象的语言，沟通就会更加顺畅。

语言真的能帮助我们互相理解吗？

你是如何与朋友、家人、老师等周围的人进行沟通的呢？

大多数情况下，我们都是利用“语言”来沟通的。无论是声音，还是文字，它们都只是语言的一种表现形式，我们借此来表达自我。即使是有听力障碍的人，也会通过打手语的方式将语言转化为手势来传递信息。

我们身处群居社会，生活中没有语言是难以想象的。虽然语言在使用过程中也会造成误会和矛盾，但大多数人还是认为“只要好好说清楚，彼此就能互相理解”，所以愿意花时间与他人进行交流。

然而，语言其实也是对事物进行抽象化的结果，所以这种重要的沟通工具也不可避免地保留了抽象化的短处。接下来，我们将从抽象化的特点出发，探讨一下日常生活中不容易察觉的语言的弊端。

不易察觉的语言的弊端

语言作为一种工具，能帮助我们简洁地描述复杂的自然现象，表达复杂的情感。比如，看到一望无垠的大海、巍然屹立的山峰时，你心潮澎湃，肯定忍不住想说些什么。

“太漂亮了！”“太厉害了！”这类语句太过简单，很难完美地表达你内心的感受。又比如，观看自己喜爱的运动员的比赛或者艺术家的表演时，你非常激动，甚至会浑身起鸡皮疙瘩，可这种强烈的情绪无论用什么词语表达都显得很苍白。

可见，语言虽然是沟通的主要工具，但它的作用也是有限的。

假如你想描述的事情有一万件，那么在没有语言的情况下，我们充其量只能描述出其中一件或两件。在讨论刚才的例子之前，你可能会觉得“有了语言，我们就能描述出其中的九千件了”。但刚才这个例子告诉我们，语言只能描述出其中的十件，最多二十件，也就是千分之二。

那么，问题来了。我们总以为只要有了语言，能“好好说清楚”，对方就能理解自己的真实想法。

下面这两句话，你一定也听到过，或者说过吧？

我之前明明已经说过了吧？

我还得说多少遍，你才能明白？

这些话说明，我们经常误以为对方听了自己的话，就能完全理解自己的想法。然而事实上，我们应该这么想：**即便有了语言的帮助，在大多数沟通中，我们的真实想法都没有成功地传达给对方。**

这样一想，哪怕遭到周围人的误解，你也可以用“这很正常”的心态来从容应对。

现在，我们通过一个例子来说明：对同一句话，不同的人会产生不同的理解。

Q　大家是如何理解“成功”和“失败”这两个词的关系的呢？请从表 4-1 所示的九种模式中选择一种。

在你心中，“成功”（A）和“失败”（B）这两个词之间是什么关系呢？你可以从两个方面进行思考：谁更多？它们有交集吗？

从表 4-1 的九种模式中选出最符合你想法的一种吧！

如果你愿意和朋友或家人互相讨论，一起回答这个问题，或许你会有更深刻的体会。那么，结果如何呢？

表 4-1

谁更多？	它们有交集吗？		
	完全分离	部分重合	包含关系
A > B	模式一 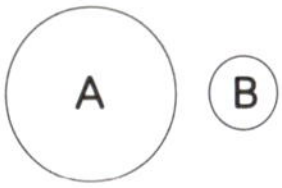	模式二 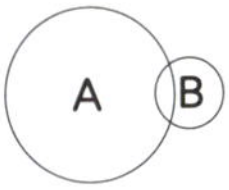	模式三 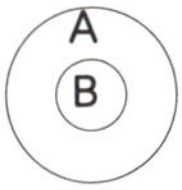
A = B	模式四 	模式五 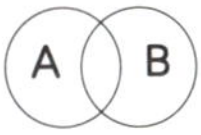	模式六 
A < B	模式七 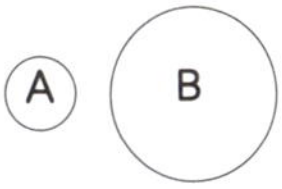	模式八 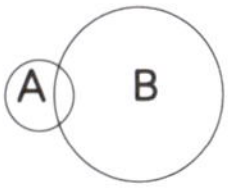	模式九 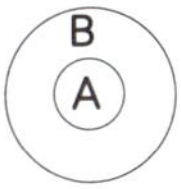

注：A = 成功，B = 失败。

我猜大家的选择都不太一样。你可以分享你的理由，也可以听听其他人为什么会做出不同的选择。

你会发现，就算是像“成功”和“失败”这么常用的词语，每个人也都会有不同的理解。比如，在“谁更多？”这一点上，就可能有几种思考方式：

·你总是担心自己会失败，或者始终忘不掉曾经的失败，所以觉得“失败”更多。

·不管是体育竞技，还是游戏，你总是相信自己会成功，因此觉得“成功”更多。

·你觉得成功和失败都有可能发生，所以认为它们发生的概率应该差不多。

同理，“它们有交集吗？”这个问题也会引发不同的意见：

·成功和失败是非此即彼的关系，所以它们没有交集。

·在某些情况下无法明确区分究竟是成功还是失败，所以它们之间也有重合。

·不断经历失败是成功的秘诀，所以失败中蕴含着成功。

的确如此，生活中那些常见的词语，大家对它的理解都是因人而异的。

仅仅一个词语就已经如此，在平时的交流中，我们还要组合数百、数千个词语，然后连成句子……语言造成的误差之大，可想而知。因此可以说，如果对方能够完全理解你想表达的真实内容，那反倒更像是一种奇迹。

在抽象化的帮助下，我们能够用简洁的话语来表达复杂的事物，所以人类在沟通效率方面远远胜过动物。可与此同时，抽象化也会造成数不清的误解和分歧，比如制造网络论战等。

练习题

1. 请与朋友一起尝试用两个圆圈表示“长处”与“短处”的关系、“学习”与“游戏”的关系，并与朋友交流、讨论各自的看法。

2. 如果把自己和朋友分别看作“A”与“B”，那么你们将如何用两个圆圈来表示你们的关系呢？请像第 1 题一样与朋友交流，并讨论你们的看法。

沟通中为什么会产生误解与分歧？

通过语言，我们与朋友、家人或老师一起分享喜悦或悲伤，共同度过珍贵的时光。毋庸置疑，在人类共同生活的场景中，语言是不可或缺的工具，我相信这一点大家都有共识。

然而，正如本章提到的，任何方便的工具都是一把“双刃剑”，都有其弊端。那么，语言的负面作用是什么呢？答案便是：语言中总是潜藏着导致误解的可能性。

当谈话双方对某些词语的理解不同时，交流起来就会各说各话，无法互相理解。我们在前一节也提到过，对词语的理解因人而异，这种差异很可能引发各种分歧。可以想象，如果我们对某个词的定义与他人不同，那当然容易引起误会。

误解是如何产生的？

举个例子，对英语有所了解的人应该知道，英语中的“Yes”和“No”与中文里的“是”和“不是”并不完全等同。

当有人用中文问你：“你没去过非洲吧？”如果确实没去过，你回答时会说：“是，我没去过。”但如果这个问题出现在英语对话中，你依然按照母语的逻辑回答“Yes”，翻译成中文就会变成“不是（我去过）”，意思完全相反。这是英语初学者经常犯的典型错误。

出现这种误用，根源在于中文里的“是”“不是”和英语里的“Yes”“No”在定义（意义）上有细微的差别，但很多人没有意识到这一点。我们在使用其他词语时也可能会产生这种误解，例如前文提到的“成功”与“失败”。

这种定义上的差异，一方面体现为各个词语涵盖的范围不同，另一方面体现为具体与抽象的差异，后一方面更难察觉。因此，是否具备从“具体与抽象的差异”这个视角去审视问题的能力，会对日常交流产生很大影响。

让我们来看看下面这个例子吧。

某天放学后，老师走进教室，有些生气地对大家说：“我不是早上就说过，要在放学前收拾清扫工具吗？为什么没人收拾？”

但你对老师早上说的那句话完全没有印象，其他同学似乎也一样。大家都露出了困惑的表情。

这时，一位同学鼓起勇气，对老师说："老师，您没有说过。"老师却说："怎么可能？我早上明明说过。"

大家在与家人或朋友的交流中，是否也有过类似的情况呢？

藏在语言背后的……

当然，出现这种情况，多半是因为某一方记错了或者忘记了。但即便老师确实说过那句话，同学们也确实听到了那句话，双方之间仍然可能会产生分歧。

我们假设有人录下了当天早上老师说过的话。播放录音之后，我们发现老师的确对同学们这么说过："今天放学前要把教室整理干净。"你如何理解这句话呢？

老师实际上说的是"整理教室"。放学后，老师却称自己说的是"收拾清扫工具"。那么问题来了，"整理教室"和"收拾清扫工具"这两种表述，究竟是指同一件事，还是指不同的事呢？

请大家回想一下，在第 96 页的"'相同'与'不同'的秘密"这一节中，我们提到过，一些事物在具体层面看似不同，在抽象层面却可能是相同的。

我们先来回顾一下“具体”与“抽象”。

还记得“具体”与“抽象”之间的关系吗？由于“抽象”囊括的范围比“具体”更大，因此，如果要用圆的大小关系来呈现“具体”与“抽象”的关系，那大圆就是“抽象”，而大圆内部的小圆就是“具体”。

所以，“整理教室”与“收拾清扫工具”的关系可表示为图 4–5。

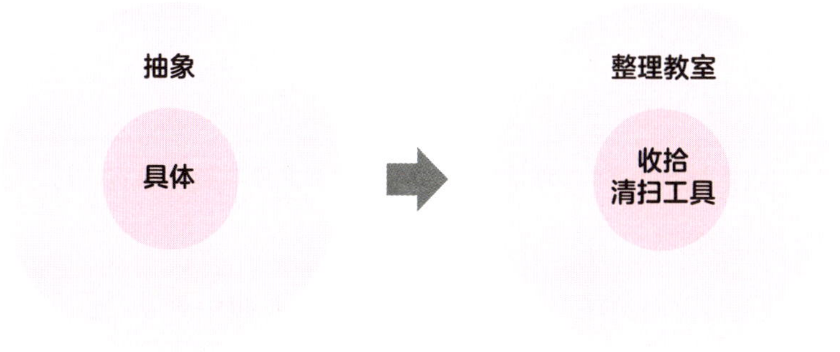

图 4–5

如果按照“具体与抽象”金字塔的结构来解释这两个词组之间的关系，就会如图 4–6 所示。

通过图 4–6，我们会发现：虽然“整理教室”与“收拾清扫工具”从字面上看确实是不同的两件事，但“收拾清扫工具”与“摆齐桌

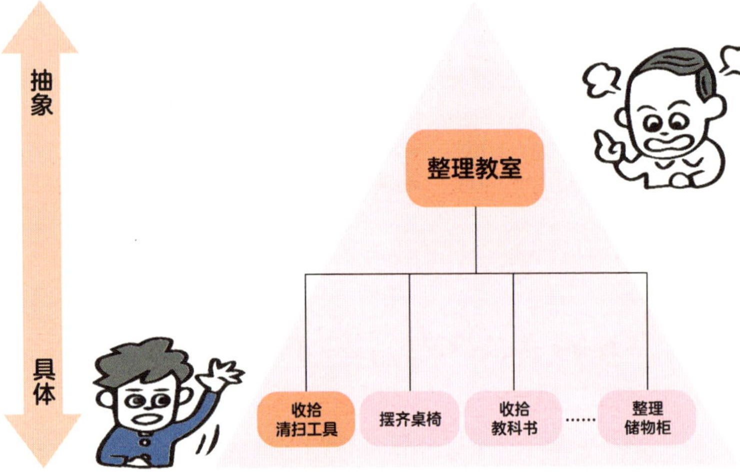

图 4-6

椅”“收拾教科书”“整理储物柜”等活动都属于“整理教室”这一任务的具体例子。

也就是说，老师在使用“整理教室”这一词组时，默认“收拾清扫工具”也是其中的一部分，所以才会认为自己早上已经说过这件事了。

综上所述，**生活中的语言其实具有两个层面：一是个别的事物或行为(具体)，二是较为笼统广泛的概念(抽象)。**而语言的这种特点，正是导致双方产生“说过”与“没说过”这类分歧的原因之一。

“买饭团”是什么意思？

在结束本章之前，让我们来聊一聊“具体与抽象”在沟通中的应用吧。假设你在某个傍晚去朋友家玩，你们发生了以下对话：

朋友：“我好饿啊。但是我现在手头有点儿事情走不开，你能不能去便利店帮我买个饭团之类的？”

你：“知道了，是便利店的饭团，对吧？”

于是，你匆匆跑到附近的便利店，走到食物货架前找饭团。不巧的是，饭团卖光了，于是你空手而回。

你：“抱歉，饭团卖完了。”

朋友：“好可惜，那你买了别的东西吗？”

你：“咦，你不是说让我买饭团吗？”

朋友:“我已经饿得不行了，什么吃的都可以啊。”

也许你也有过类似的经历。那么，这样的沟通究竟是哪里出问题了呢?

解决这个问题，不仅对现在的你有所帮助，等你将来进入社会后，也能让你更好地与人进行沟通，并给身边的人留下一个“聪明、情商高”的好印象。

让我们从“具体与抽象”的角度来看看朋友的话:“你能不能去便利店帮我买个饭团之类的?”这句话应该如何解读呢?

虽然这句话中只出现了“饭团”这一种食物，但“饭团”只是一个具体例子，朋友真正想表达的是“我肚子饿了，想吃点儿东西”。

也就是说，朋友的目的其实是“填饱肚子”，而为了实现这个目的，他提到了作为具体方案之一的便利店的“饭团”。如果没有“饭团”，他也可以吃别的，哪怕只是喝点儿果汁。

如果将两者的关系用图来表示的话，大概是图 4-7 这样。

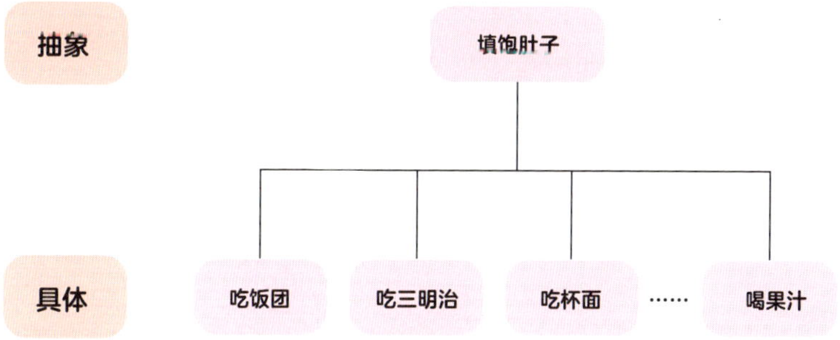

图 4-7

显然，如果饭团卖光了，考虑到朋友的目的，我们应该买点儿其他食物带回去。

在日常生活中，我们的沟通会发生在“具体”与“抽象”两个层面。这时，接收信息的人如果没有这个意识，就容易将对方偶然间提出的具体例子错认为关键信息，造成误会。

我想，现在你应该能够理解“具体与抽象”在日常沟通中的重要作用了吧。

本章总结

在本章中，我们探讨了“具体与抽象”这把“双刃剑”在沟通中的应用。我们与家人、朋友进行日常对话，或者在网络平台上沟通时产生的种种误解，实际上都源于“具体”与“抽象”的差异所导致的理解错位。

这并不意味着我们应该在同一层面（抽象层面）进行所有对话，但至少我们需要意识到自己身处“高楼大厦”中——拥有这种意识是最重要的。当误解产生时，我们与其强调自己有多正确并指责对方，不如从根本上思考“为什么我们不能接受对方的观点”“为什么我们与对方无法达成共识”。

虽然这种意识并不能消除所有的误会，但如果我们能懂得一个人身处的位置（也就是“立场”）会影响他的认知，那就至少能避免一些“谁对谁错”（通常我们认为自己是对的，对方是错的）之类的无谓争执。

第 5 章

“具体与抽象”的使用说明

本章是对全书的一个总结。对“具体与抽象”，光是了解它的内容还不够，今后你还需要在生活中加以实践，发挥出这种思维方式的优势。为此，我想把它的“使用说明书”交给你。

无论是冰箱、电磁炉等家电，还是订书机、胶棒等文具，只要使用得当，这些方便的工具就能发挥“四两拨千斤”的作用；可如果搞错了用法，它们就会“英雄无用武之地”。

“具体与抽象”是一把非常强大的“双刃剑”。如果用得好，它就能成为你的得力助手；用得不好，它也会成为你的累赘。因此，我们需要在发挥其积极作用的同时，尽量避免它带来的负面影响。

在本章的最后，我会告诉你一些注意事项，帮助你更好地应用“具体与抽象”。未来，你会学到更多新知识，会长大成人、步入社会，我想借此机会提前给你送上寄语。希望你能带着这一工具，向着广阔的天空展翅高飞。

单面镜

你听说过“单面镜”吗？

这种镜子最有可能出现在刑侦剧的审讯室里。在嫌疑人接受审讯时，隔壁房间的相关人员可以透过小窗观察审讯室里的情况。

而与此同时，审讯室里的人却只能看到普通镜子，看不到隔壁房间。这是怎么做到的呢？原来，连接两个房间的小窗就是“单面镜”，它在英语中通常被称为“one-way mirror”。

在接下来的讨论中，我会用“单面镜”这个词来比喻一种“从 A 可以看到 B，但从 B 却看不到 A”的情况。为了方便理解，可以参见图 5-1。

首先来看图 5-1 的上半部分：右侧的 A 是看得见抽象世界的人，左侧的 B 是看不见抽象世界的人。这两个人能否“看见”彼此的想法呢？显然，右侧的人能“看见”左侧人的想法，而左侧的人不能“看见”右侧人的想法。双方之间好似竖着一面单面镜。

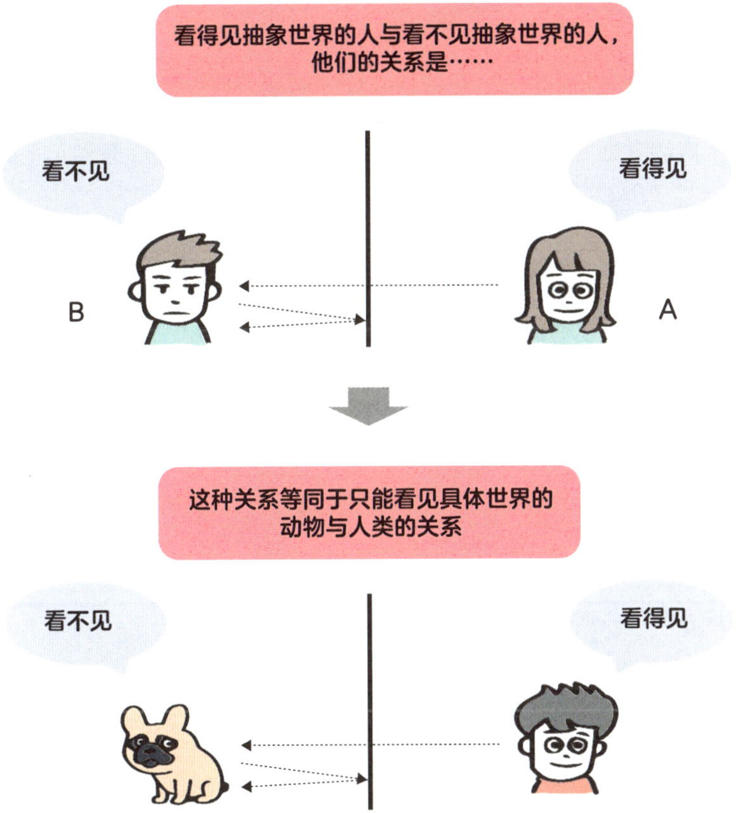

图5-1

在“‘学习’到底是什么？”（第81页）这一节中，我们认识到：从小学到初中、高中，再到大学，随着知识量的不断增加，我们不断扩建自己脑中的“具体与抽象”金字塔，在拓宽底部面积的同时，也一步步向上攀登。

我们每个人都站在“具体与抽象”这座金字塔的不同高度，上面的人能够看见（理解）下面的人，但下面的人无法看见（理解）上面的风景。二者就像被一面单面镜隔开了似的。

也就是说，**只能看到具体事物的人，往往难以理解那些能够看到抽象事物的人**，就像没有抽象概念的动物无法理解人类的世界一样。

当然，这不是说人类已经完全理解了动物，但至少我们能够从具体的角度解释动物的大部分行为（比如觅食或保护同伴等）。反之，动物却无法理解人类如何利用科学的力量进行医疗诊断和治疗，如何组织“国家”或“公司”，并遵循不同的规则进行集体生活。所以，可以说人类与动物在理解上是单向的。

理解的抽象概念越多，你眼中的世界就会越广阔。

在这里，我想补充说明一下“具体与抽象”这座金字塔中的“横向维度”（反映知识量的差距）与“纵向维度”（反映人对抽象世界的理解度）之间的区别。

你可能在想，即便是在“横向维度”上，专家和外行之间不是也像存在着一面单面镜吗？但如果只从“知识量的差距”这个角度看，

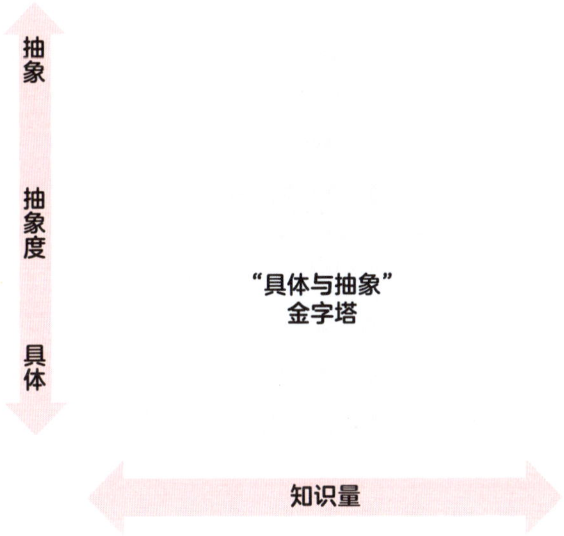
抽象
抽象度
具体
“具体与抽象”
金字塔
知识量

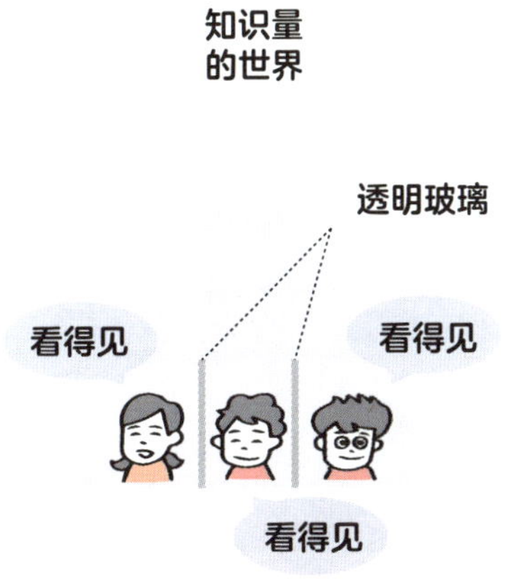
知识量
的世界
透明玻璃
看得见
看得见
看得见

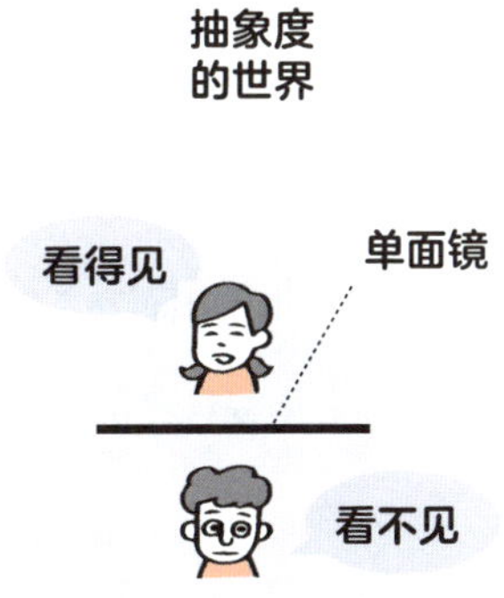
抽象度
的世界
看得见
单面镜
看不见

哪怕是没有掌握任何专业知识的外行，也可以在一定程度上理解专家的想法。

比如说，“我不太熟悉国外的政治体制，但我听说 A 是这个领域的专家”，或者“我看得出 B 很了解热带植物，尽管我对这方面完全不懂”，等等。

也就是说，我们虽然不知道“这个人到底知道些什么”，却可以感受到彼此在知识量方面存在差距——做到这一点还是相对容易的。

再看“纵向维度”。“具体与抽象”这座金字塔的纵向维度表现的是认知能力上的差异：越往上，认知能力越强；越往下，认知能力越弱。从上往下看是看得见的，而从下往上看却看不见——双方就像隔着一面单面镜。

好奇心的源头，恰恰就是“肯定有些东西是自己看不见的”这个想法。

试想，如果单面镜之上有一个无穷无尽的新世界……那么，通过不断学习来拓宽自己的眼界，岂不是就像探险一样令人心驰神往？

要“鱼”还是要“渔”？

你听说过“授人以鱼，不如授人以渔”这句话吗？

其他国家也有类似含义的格言，比如：“If you give a man a fish, you feed him for a day. If you teach a man to fish, you feed him for a lifetime.”（如果你给一个人一条鱼，他可以吃一天；如果你教他钓鱼，他可以一生自给自足。）

你明白这些话是什么意思吗？

如果你给一个饥饿的人一条鱼，他当然可以马上填饱肚子。哪怕算上把鱼做成菜的时间——刮鱼鳞、煮或烤——最多不过几个小时。

相较之下，学会钓鱼的方法更加费时费力。就算你找到了一位河钓或者海钓的高手做老师，从开始学习到能够独立钓到鱼，至少也要几天时间。要想跟老师一样在任何地方都能钓到大鱼，你可能还要练习数年。

学会钓鱼，一生不愁

那么，刚才提到的“授人以鱼，不如授人以渔”这句话到底想传达什么信息呢？那段英文把它解释得更加详细，便于理解。

“鱼”就是能吃的鱼，而“渔”指的是钓鱼技术。确实，有了鱼，就不用发愁今天吃什么了。但是，鱼再大，也总有吃完的一天。鱼没了，这个人又会立刻回到饥饿的状态。到那时，他只能等待下一个愿意给他鱼的人出现。

我们给他换一种选择：他饿得要命，却决定去学钓鱼……

钓鱼技术不能直接果腹，而学习钓鱼技术也需要一定的时间，或许这个人短时间内会觉得很痛苦。

可是，**一旦学会了钓鱼的方法，这个人就可以独立获取食物，想**

吃多少鱼就钓多少鱼，今后便可高枕无忧。

当然，要想活下去，“鱼”与“渔”都是必需的。对于那些手中没有食物、饿得动不了的人来说，鱼更是必不可少的。但一条鱼最多撑两天，只能暂时缓解饥饿。一旦身体能动了，他就应该暂时忍住饥饿，去学习如何钓鱼。

但在现实生活中，很多人会毫不犹豫地选择“鱼”，而对“渔”不屑一顾。他们觉得“钓鱼技巧又不能当饭吃，没什么用”，所以宁愿把鱼吃完，接着等待下一个愿意给他们鱼的人。

抽象思维是我们一生的财富

“鱼”和“渔”之间的关系，正如我们之前讨论过的“具体”和“抽象”的关系。

“具体”的事物清晰明确，谁都能理解它的价值。所以，“请告诉我具体怎么做”就相当于“请给我能马上吃到肚子里的鱼”。但是，**这种做法只能解决眼前的问题，治标不治本。**

而“渔”则相当于“抽象思维”。抽象思维或者抽象概念就像钓鱼技术一样难以捉摸，又无法立刻见效，但只要拥有了它，你就会终身受益。

其实学校的学习过程之中也有“鱼”与“渔”。二者都是必需的，但由于“鱼”的价值更显而易见，所以很多人都会不假思索地追逐眼前的“鱼”。然而，真正有目标、有规划的人，都在踏踏实实地学习钓鱼技术。

关于“鱼”，最直接的例子便是“应试学习”了。考试日期已经定下，“考出好成绩”这个目标也很明确，大家不需要思考“为什么学习”。这与渴望得到“鱼”的人的心态是一样的。

然而，那些为了让学生拿高分而诞生的应试技巧，等到考试一结束，就成了食之无味、弃之可惜的鸡肋，对学生人生的其他方面几乎起不到任何指导作用。

而另一些人在备考的同时，还在默默地磨炼自己的“钓鱼技术”。他们不认为备考是死记硬背课本上的知识点或者学习某些解题技巧，而是把备考过程视为培养“思维能力”“为实现目标而制定策略的能力”“管理时间的能力”等更加灵活普适的能力的过程。

换句话说，这里的“解题技巧”就相当于“鱼”（具体），而“思维能力”则是“钓鱼技术”（抽象）。

你想一辈子都忙忙碌碌地追逐眼前的“鱼”，还是希望自己能够尽早学会“钓鱼”的方法呢？

“大梦想”与“一小步”

你有梦想吗？

或许你正梦想着这样的未来……

· 近距离看火星

· 成为国际知名人物

· 帮助正处于困境中的孩子们

· 创造一个没有战争的世界

· 成为职业运动员

那么，你觉得下面这些可以算作“梦想”吗？

· 昨天和朋友吵架了，想下周就和好

· 去 ×× 街那家好吃的饭店，吃炒饭吃到饱

· 买到喜欢的法国足球队的现场比赛门票

· 在暑假参加偶像的见面会

· 在期末考试中考进年级前 ×× 名

以上这些与其说是“梦想”，不如说是现实生活中的某种愿望。

那么一开始列出的梦想（A）与后文的愿望（B），它们之间有什么不同呢？请以“A ○○，但 B ××”的句式，列举出它们的不同之处吧。

· A 需要花费多年才能实现，但 B 在几天、几个月内就有可能实现。

· A 可能是很多孩子的共同理想，但 B 只是与自己相似的少数人会有的愿望。

· A 实现的可能性较低，可如果真的实现了，大家都会觉得很了不起；但 B 实现的可能性较高，可即便实现了，也不会吸引多少人关注。

· A 是模糊的，但 B 是明确的。

一言以蔽之，A 是梦想或理想，B 则是更贴近现实的愿望。二者其实也可以通过本书的主题——“具体与抽象”来理解。

前面提到的 A 和 B，你觉得哪种表达更加具体，哪种表达更加抽象呢？

只要将描述 A 和 B 的句子进行对比，你就会发现：A 更抽象，而 B 更具体。

也就是说，梦想应该用抽象的方式来表达，而现实愿望应该用具体的方式来讲述。你知道其中的原理吗？

请回想一下第 165 页和 166 页提到的“手电筒”和“激光笔”的例子。抽象就像手电筒，覆盖范围广但模糊不清；而具体就如同激光笔，明确但覆盖范围狭窄。

通过分析上文的例子，我们可以得知：相对而言，梦想、理想是“大但模糊的”，而现实愿望则是“小但明确的”。它们与“抽象”和“具体”的特征刚好完全对应。

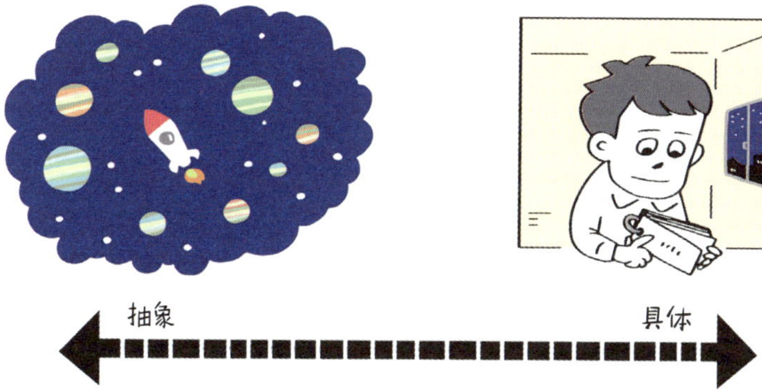

由此，我们能够得到这样的启发：在谈论梦想或制订未来的计划时，我们应该选择合适的语言。

在谈论梦想时，我们要用抽象的语言来描述壮阔的未来愿景。然而在迈出实现梦想的第一步时，我们必须尽可能地从具体的事情开始计划，越详细、越贴近现实越好。

用具体的语言表达出来的愿望比较贴近现实，也更容易达成。

例如，你可以说："为了成为宇航员，今天我要背诵《常用英语单词》的第 45 页到第 63 页。"

在日常生活中，把握好"大梦想"与"一小步"的平衡，或许就是实现梦想的秘诀。

本章总结

让我们通过一些问题来总结一下“具体与抽象”的区别吧。

回答问题的过程能够帮助你理清思路，加深对“具体与抽象”的理解。希望你即便合上这本书，也能时刻意识到二者对我们日常生活的影响。

测一测：“具体与抽象”知多少

Q　下面各组的 A 与 B，哪个更具体，哪个更抽象？

①	A. 蔬菜	B. 西红柿
②	A. 踢球	B. 运动

③	A. 可以通过五官感知	B. 不能通过五官感知
④	A. 整理教室	B. 收拾清扫工具
⑤	A. 模糊不清	B. 清晰明确
⑥	A. 零散的东西	B. 整体的东西
⑦	A. 一切都是相同的	B. 一切都是不同的
⑧	A. 煽情、感染力强	B. 不煽情、感染力弱
⑨	A. 宏观（范围广）	B. 微观（范围狭窄）
⑩	A. 单独的事物	B. 它们的发展脉络
⑪	A. 单独的事物	B. 它们之间的关联性
⑫	A. 原本的样子	B. 提取出的特征
⑬	A. 简单	B. 复杂

你知道答案了吗？

这些选项有的来自前几章讨论过的内容，如果有不清楚或者拿不准的地方，可以翻到相关页面进行确认哟。

后 记
飞向广阔的天空

这趟关于“具体与抽象”的旅程，你的体验如何？

台上一分钟，台下十年功。接受过体育训练或学过才艺的人都知道，为了在比赛或演出中取得优异的成绩，枯燥的、长时间的基础训练是必不可少的。

但上台前的准备只是一个开始。结束多年的校园生活后，等待大家的将是“实际比赛”和“现场演出”。这些场合往往会令你紧张、害怕。一旦遭遇失败，你或许会受到更大的打击。不过，如果你能顶住压力，摘取胜利的果实，那种感动和成就感往往是任何训练都不能比拟的。

你熟悉的学校，其实也是你的训练场。现在度过的每一天，都是为了让你在不久的将来能踏上属于自己的非凡旅程。

就像幼鸟在狭小的巢穴中学会进食和挥舞翅膀，长大后才能飞向更广阔的天空一样，学校也正是你未来站上更大舞台的起点。

当然，在“狭小的巢穴”中学到的东西是你在“广阔的天空”中翱翔时必备的基础。但“狭小的巢穴”和“广阔的天空”是截然不同的，我将它们的不同点总结如下：

狭小的巢穴	广阔的天空
· 只是广大世界的“一部分”	· 广袤无垠
· 有正确的答案	· 没有正确的答案
· 比较的标准是确定的	· 比较的标准不固定
· 规则是确定的	· 规则在必要时可以改变
· 有教科书或范本	· 没有教科书或范本
· 听从别人的指示	· 由自己决定做什么事
· 有人会保护你	· 自己保护自己

显而易见，“巢穴”和“天空”首先在大小上就有着根本区别。

从“巢穴”飞入“天空”，最直观的变化就是你的活动范围更广了。你会从家乡走向世界，甚至能上达宇宙空间，下及深海。也就是说，你可以去你想去的任何地方。

在学校学习时，你遇到的问题都有正确答案，可一旦进入社会，几乎所有问题都没有唯一、绝对的答案。

当然，现在的你可能也在经历着类似的情况。比如，你和某位朋友因为误会或争执闹翻了。你就算翻遍教科书，也找不到和解的方法。网上搜索来的方法也无法直接拿来用，因为解决问题的方法通常因人而异，更何况有些方法用了也不一定能得到结果。

所谓“你遇到的问题都有正确答案”，其实指的是“你周围的世界存在既定的规则”，就像考题的答案就藏在教科书里一样。也就是说，好坏的标准已经确定，“框架”（类似考试中的“出题范围”）也是固定的，你不能偏离。一方面，这个世界会限制你一部分的自由，如果你执意违反规则，按自己的想法行动，就可能会遇到各种限制和阻碍；但另一方面，只要你愿意遵守规则，放弃部分自由，就可以过上安稳有序的生活。

这就是为什么可以将学校和家庭理解为“狭小的巢穴”。

从巢穴飞向更广阔的天空

现在的你尚未成年，老师、家长总拿各种大道理教育你，跟在你身边说个不停，碰到某些情况，可能还会训斥你。明明你有更喜欢的事情、更想学的东西，却只能被迫接受家长和学校提供的知识，你或许会感到自己没有选择的空间，失去了自由。

但反过来想，生活在狭小的巢穴里，也就意味着你的头顶有遮风避雨的屋檐。别忘了，巢穴也需要有人维护才能一直结实、可靠。大人希望你在巢穴中遵守规则、按部就班地生活，他们的初衷，其实是使你免受外界的侵害，尽管你目前可能还难以体会他们的良苦用心。

当然，这些是成年人的想法，你多半会觉得被大人管教是件很烦的事情。但无论如何，生活在狭小的巢穴中，虽然自由受限，但或多或少意味着“能免于危险”。

与之相对，**“广阔的天空”是一个更自由，但也更危险的世界，你必须自己保护自己。**

步入社会以后，你会发现几乎所有难题都没有标准答案。但这一点，即使是成年人也并非都明白。即使他们已经从学校毕业，进入更

广阔的天空，但仍有一部分人没有突破当初在狭小的巢穴里获得的认知。他们依然坚信世界上的事非黑即白，急于同他人比较，一争高低。最直观的例子就是那些网络论战。

喜欢在网上吵架的人，大都认为“自己是对的，而对方是错的”。这种非黑即白的观点既肤浅又片面，他们之所以争论，无非是想证明自己比他人更加优秀。然而世界上并没有一把可以衡量万物的标尺，很多事物之间都没有可比性。

有些人认为，在学校里学到的东西在社会上根本没什么用。

这句话有一定道理，但也存在片面性。如果把这个问题换成“反复练习基础动作，对高难度的体育比赛有用吗？”，你或许就能明白我为什么这么说了。

结合本书的主题，你还可以这样去理解：在具体层面，学校里教的很多东西都无法直接运用到生活中；但在抽象层面，学校的教育能为你带来无尽的好处。

提升自由度的有力工具

“狭小的巢穴”和“广阔的天空”完全不同。如果要用一句话来概括二者的区别，那就是“自由度的差异”。

“狭小的巢穴”自由度低。这一点有利有弊：虽然你不能想吃什么就吃什么，但有人将食物送到你的嘴边；你虽然失去了冒险的机会，但也规避了犯下大错的风险。

相比之下，在“广阔的天空”中，你可以自由选择自己的人生方向，但也可能被猛禽吃掉，或者迷失方向，陷入险境。

在“广阔的天空”中，你在“狭小的巢穴”里学到的东西有时可以派上用场，有时却毫无用处。有的人在“狭小的巢穴”中表现优异，到了“广阔的天空”中却黯然失色；反之，有的人在“狭小的巢穴”里并没有表现得很耀眼，在“广阔的天空”中却大展拳脚。是什么造成了这种现象呢？

能否充分认识到“狭小的巢穴”和“广阔的天空”之间的差异，让自己的思维模式更加自由，决定了你能否展翅高飞。

“具体与抽象”，尤其是抽象化的能力，是我们提高思维自由度的有力工具。

现在的你可以在巢穴的荫蔽下，耐心学习并掌握抽象化与具体化的方法。等到能够熟练运用它们时，哪怕眼前的蓝天再无边无垠，你也不会感到害怕。抽象化和具体化，将会为你在广阔的天空中开辟出无限的可能性。

细谷功

商业顾问、作家。出生于日本神奈川县。曾在日本东芝等公司工作，之后独立发展。

近年来，他围绕“具体与抽象”这一核心主题，开展面向企业、各类组织和学校等的讲座和研讨会，并在日本及其他国家或地区进行提升思考能力的科普活动。

著作包括《锻造地头力：用费米估算创造性解决问题》《类比思维：洞察“结构”和“关系”》《具体与抽象：看得见世界变化的智能机制》《“具体⇄抽象”训练：29道题让思维力飞跃》等，总销量已超100万册。